TRIBUT

A LA

VITICULTURE

ET A L'ŒNOLOGIE

MÉRIDIONALES

(1873-1874)

PAR

LE Dr L.-H. DE MARTIN

Membre correspondant de la Société centrale d'Agriculture de France
Lauréat de la Faculté de médecine de Montpellier
Membre des Sociétés Chimique de Paris, Botanique de France
de Médecine et de Chirurgie pratiques de Montpellier
Centrales d'Agriculture de l'Aude, de l'Hérault, de la Côte-d'Or
de la Haute-Garonne
de l'Isère, des Bouches-du-Rhône, du Gard, de Vaucluse et du Rhône
des Comices agricoles de Narbonne, Perpignan et Toulon
de l'Association scientifique de France
Secrétaire général de la Société médicale d'émulation de Montpellier

PARIS
LIBRAIRIE AGRICOLE DE LA MAISON RUSTIQUE
Rue Jacob, 26

1875

TRIBUT

A LA

VITICULTURE

ET A L'ŒNOLOGIE

MÉRIDIONALES

(1873-1874)

REVUE DE L'OUTILLAGE VINICOLE

(*Messager agricole* — mars 1873)

POMPES de **MM. Marsal, Fafeur**, à Carcassonne (Aude); — **Boyer**, à Béziers (Hérault); — **Castie Talma**, à Lézignan (Aude); — **Gaillot**, à Pomard (Côte-d'Or); — **Vantelot-Béranger**, à Beaune (Côte-d'Or); — **Noël**, à Paris; — **Formis-Benoit**, à Montpellier (Hérault); — **Eldin**, à Lyon (Rhône); — **Vigouroux**, à Nimes (Gard); — **Maraval**, à Marseille (Bouches-du-Rhône); — **Moret** et **Broquet**, à Paris; — **Petetin**, à Lons-le-Saulnier (Jura).

I. — Pompes à réservoir fixes ou mobiles

La machine qui, avec les pressoirs, rend les plus grands services dans les caves est sans contredit la pompe. Aussi, en inaugurant la Revue de l'outillage agricole, que veut bien nous confier M. le Directeur de ce journal, croyons-nous bien faire, surtout à l'époque actuelle, où vont commencer les soutirages des vins dont la plupart sont encore sur lies, de rappeler à nos lecteurs l'organisation des principales pompes utilisables dans les celliers méridionaux.

Durant une longue période, celles-ci sont restées stationnaires dans leur forme première, et il n'y a guère qu'une vingtaine d'années que les constructeurs ont modifié profondément la structure et les rapports de leurs divers organes. Disons tout d'abord de quoi elles étaient composées (1).

Que l'on se figure un réservoir circulaire ou ovale en bois, ayant environ 1 mètre de diamètre sur 80 centimètres de hauteur. Au milieu de son centre était le corps de pompe, sans tuyau d'aspiration, plongeant directement, et en entier quelquefois, dans le liquide à soulever.—Tantôt il était fixé à l'aide de boulons en fer et, mieux, en cuivre, d'une part au fond de ce récipient, et de l'autre à la partie supérieure de ce dernier, par une forte pièce de bois; mais, dans ce cas, sa partie inférieure à la soupape d'aspiration était percée de trous pour donner accès au liquide ou, ce qui était préférable, il reposait directement sur deux forts taquets de bois, laissant entre eux un vide correspondant à la capacité des corps de pompe, vide qui livrait passage au vin.—Tantôt sa base était supportée, comme son extrémité supérieure, par un solide plateau, à une distance variable de 5 à 10 centimètres au-dessus du fond du réservoir. Cette dernière manière de faire avait le grand inconvénient de laisser toujours dans le récipient une certaine quantité de vin qui échappait ainsi à l'action de la pompe.

Le piston de l'instrument était mis en jeu par un long levier en bois, ou plus rarement en fer, dont la résistance était située entre le point d'appui et la force motrice.

De la partie inférieure et latérale de la machine part un tuyau de refoulement qui reçoit le vin chassé par le piston, et le conduit dans le foudre à remplir, soit par la soupape-clapet placée sur la porte inférieure du foudre, soit par celles qui se trouvent tantôt au-dessous de la porte inférieure qui n'en est pas munie, ce qui s'observe sur les anciens tonneaux, tantôt vers le quart ou le tiers inférieur de leur face antérieure.

De semblables machines ont été longtemps en usage dans les exploitations agricoles; néanmoins on leur avait apporté quelques petites modifications. Les soupapes s'engorgeaient fréquemment par la fâcheuse interposition, entre ces obturateurs et leurs siéges, de débris de grappe, de peaux de raisin et quelquefois de grains mal écrasés; en sorte que leur fonctionnement devenait incomplet, leur jeu était gêné et souvent même totalement interrompu. On entoura alors la partie inférieure du corps de pompe d'une grille dont les mailles devaient arrêter tous les corps solides contenus dans le vin et entraînés par la force d'aspiration de l'instrument. Ce fut là une bonne précaution, dont malheureusement encore aujourd'hui tous les constructeurs, surtout ceux des machines à cuvier, ne font pas suffisamment usage, ce en quoi ils ont très-grand tort.

(1) Voir L.-H. de Martin, *les Appareils vinicoles en usage dans le midi de la France*. Paris, Librairie agricole; Montpellier, Coulet, Grand'Rue

En effet, ces grilles peuvent être mobiles, de telle façon qu'il sera toujours aisé de les enlever pour nettoyer le corps de pompe, visiter les soupapes, etc., selon les divers besoins.

Plus tard, lorsque les connaissances en mécanique furent heureusement appliquées à l'outillage agricole, on substitua la rotation au mouvement vertical ascensionnel du levier moteur et élévateur du piston. Ce changement, qui donnait à l'instrument une physionomie toute nouvelle à l'extérieur, s'obtint facilement à l'aide d'une tige de fer horizontalement placée et coudée en V à la partie médiane, laquelle, par un étrier métallique, transforme en ascension verticale le mouvement de rotation que lui a imprimé le moteur. Celle-ci tourne autour de deux coussinets en cuivre jaune, et l'ensemble est supporté par un cadre en fer, fixé lui-même au plateau supérieur qui sert de point d'appui au corps de pompe. Cette nouvelle disposition entraînait l'emploi d'un volant destiné à régulariser le mouvement.

Nous n'insisterons pas sur les avantages de ce perfectionnement, dont l'heureuse et incontestable utilité n'a plus besoin d'être démontrée; nous ajouterons seulement qu'une pompe ainsi faite fatigue beaucoup moins l'ouvrier qui la met en jeu, et que, par suite de cette moindre peine à prendre avec cet instrument, on aspire dans le même temps beaucoup plus de vin que n'en soulève une machine du même diamètre, mue par un simple levier. Pour se convaincre de ce fait, il ne serait pas concluant d'instituer un essai comparatif pendant quinze minutes seulement; il faut, au contraire, le continuer pendant quelques heures. Il sera, dès lors, très-facile d'apprécier l'avantage considérable de l'emploi de la rotation et du volant. Nous irons même jusqu'à dire que les ouvriers eux-mêmes, en certains endroits, refuseraient de manier aujourd'hui un des anciens instruments, parce qu'ils *sont trop rudes* à marcher.

Toutefois, pour les nouveaux appareils dont le levier est plus judicieusement disposé, dont le contre-poids facilite l'élévation ou dont la situation est mieux entendue, nous devons affirmer que la manœuvre pendant toute une journée est obtenue de nos vignerons, parce qu'en effet, les progrès de la mécanique aidant, la fatigue à prendre est en moyenne proportionnée à l'homme chargé de les mettre en marche. Il est néanmoins une raison qui nous fait pencher vers les pompes à volant : c'est que, avec elles, nous sommes sûrs d'obtenir le maximum de course du piston, et, par suite, à nombre de coups de piston égal, la machine à volant donnera le plus de liquide indépendamment de l'ouvrier, alors qu'avec un appareil à levier le débit dépendra de la volonté de celui-ci, selon qu'il élèvera plus ou moins la barre motrice des instruments verticaux, ou qu'il attirera davantage à lui le levier vertical des pompes à corps horizontal.

Pendant de longues années, les pompes ont été fabriquées comme nous venons de le dire; mais elles n'ont bientôt plus répondu aux besoins de l'agriculture.

Et, d'abord, le plateau supérieur qui soutient le corps de la machine était gênant pour les vignerons lorsqu'ils voulaient verser dans le réservoir de celle-ci une tinette ou comporte pleine de vin, provenant, soit du pressoir, soit de levées faites au tonneau décuvé ou en soutirage. Il arrivait et il arrive encore fréquemment, nous le voyons tous les jours, que le liquide est rejeté au dehors et que, par suite, il est perdu.

On a songé alors à placer le corps de pompe, non plus au centre du réservoir, mais sur un des côtés : *excellente idée* assurément, car l'ensemble était moins embarrassant, et les ouvriers, se trouvant plus à leur aise, pouvaient prendre plus de précautions et voir leurs efforts couronnés de succès.

Enfin on a eu la *bonne* pensée d'enlever ce plateau supérieur et de fixer directement tout l'appareil au fond du récipient. On supprimait, dès lors, tout organe de soutien. L'instrument, solidement boulonné, était situé sur la partie latérale de ce récipient, de manière que le volant pût effectuer son mouvement de rotation en dehors de lui. Le réservoir lui-même a été considérablement abaissé, et ce qu'il perdait en hauteur, on le lui rendait en largeur. Cela avait deux raisons d'être :

1° — Donner une plus grande stabilité à l'appareil ;

2° — Permettre plus facilement l'introduction du vin amené dans des comportes, et versé à la main par la partie supérieure du récipient.

Le cuvier lui-même, primitivement muni de fortes poignées métalliques dans le but d'être plus facilement apporté là où il en était besoin, a été posé sur des roues, dont deux en arrière et une en avant, laquelle, par une tige de traction, prend la direction voulue, grâce à un axe vertical autour duquel son bâtis peut tourner.

Mais tout n'était pas dit. Dans la suite, vu l'augmentation des récoltes, on a pratiqué des ouvertures aux parois de ce réservoir, afin que, par des tuyaux vissés aux raccords portés par ces dernières, le vin pût être directement conduit dans son intérieur. Cette disposition, très-commode d'ailleurs, avait en outre l'avantage très-grand de diminuer les frais de main-d'œuvre : de cette manière, le vin arrivait directement du tonneau dans le récipient; et si, comme nous le faisons mettre en pratique dans notre cave agricole de Montrabech, près Lézignan (Aude), à l'aide *d'un coude on fait déboucher le liquide presque au fond de ce dernier*, le vin est ainsi exposé aussi peu que possible au contact de l'air, son plus grand ennemi (1).

(1) Nous ferons remarquer ici que l'air chimiquement pur, c'est-à-dire un mélange d'oxygène, d'azote, avec des traces d'acide carbonique, n'a pas, au même degré, les funestes effets de l'air atmosphérique, qui, en plus, contient une foule de germes nuisibles.

Il faut éviter avec soin que les molécules du jus de raisin fermenté, pendant le temps de leur chute du tuyau dans le réservoir, entraînent avec elles les germes de ces *échobies,* ou ferments organisés, dont les propriétaires ne pourraient remarquer que trop tard la funeste intervention. Il suffit, tout le temps que durent les soutirages ou la décuvaison, de laisser toujours dans ce dernier assez de vin pour que l'extrémité du coude plonge dans le liquide. A la fin de chaque journée, on devra cependant le vider entièrement dans le foudre, pour éviter l'évent ou l'acétification.

Nous croyons cette petite modification assez importante pour devoir la recommander d'une manière toute spéciale. Des expériences faites par nous en 1868 ne nous laissent aucun doute à cet égard (1). On ne saurait trop habituer les ouvriers agricoles à cette idée, bien étrange pour eux, que l'action de cet air qu'ils respirent, et qui leur est nécessaire, est des plus pernicieuses si elle vient à se faire sentir sur un produit aussi précieux, et que cependant ils traitent toujours avec la plus grande insouciance.

L'instrument élévateur n'a pas tardé lui-même à recevoir des changements notables. Tout d'abord, personne n'ignore que les pompes du genre de celles qui nous occupent ont un jet intermittent ; elles aspirent, et ce n'est que lorsque le piston s'abaisse que le liquide comprimé entre dans le conduit latéral. En prenant une pompe aspirante et foulante, on obtint immédiatement des résultats fort importants. On pouvait ainsi bien mieux, et surtout plus facilement, élever le vin à une certaine hauteur. A l'aide de celle-ci, on devait également, grâce à *un réservoir d'air,* obtenir un jet permanent et continu.

Le tuyau latéral élévateur a été rendu lui-même mobile par l'adjonction de deux brides qui le tiennent en communication avec le corps de pompe. Selon les besoins ou les usages locaux, à son extrémité supérieure on visse, soit un raccord coudé dont l'autre extrémité, terminée par une manche en toile, en caoutchouc ou en cuir, va s'adapter à la soupape-clapet, soit un tuyau vertical dont la hauteur égale celle du foudre, et qui vient se réunir à un tube horizontal aboutissant à l'ouverture supérieure de ce récipient. On comprend que le vin aspiré par la pompe arrive ainsi directement dans l'intérieur de celui-ci.

Il y a bien des caves agricoles, et surtout des chais de négociant, où tous les foudres sont remplis par la partie supérieure. Or, presque toujours, l'extrémité de ce tuyau horizontal, au moment où il atteint la trappe du foudre, est courbée à angle droit et terminée par une *manche* en toile

(1) Voir Louis de Martin, *Expériences instituées en 1867-1868, à Montrabech, près Lézignan (Aude), sur la fabrication des vins à l'abri du contact de l'air.* — Montpellier, librairie Coulet.

d'*un mètre de long,* en général, et au sortir de laquelle le liquide se répand dans le tonneau. *Cette disposition est très-défectueuse.*

Il faut absolument que, par un conduit métallique (cuivre ou fer-blanc, soigneusement étamé en dehors et en dedans), et, mieux, par un tube végétal (toile, caoutchouc) ou animal (cuir), le vin soit amené *au fond du tonneau ou à une faible distance de celui-ci.* Il faut éviter à ce liquide, qui se *casse* si facilement et sous des influences ou pour des raisons variables selon les circonstances, toutes les opérations qui le mettront en contact avec l'air ou qui en sépareront brutalement les molécules. Or, à cet égard, quoi de plus dangereux que de le faire couler de *haut,* en *chute* et en *pluie plus ou moins divisée?* L'ouvrier chargé de la manœuvre ne prendra pas plus de peine et montera autant de liquide dans le même temps.

L'industrie, en nous donnant de semblables machines, semblait avoir dit son dernier mot; mais les exigences légitimes des agriculteurs et des négociants l'amenaient bientôt à aller plus avant. Les vins demandent des soutirages plus ou moins fréquents, selon leur constitution intime. Souvent, sinon toujours, les décuvaisons se font pendant que les pressoirs sont en action; il en résulte que les hommes chargés de l'une ou de l'autre besogne peuvent, à un moment donné, se gêner mutuellement dans leurs mouvements.

Décuver, dans une grande exploitation, tout son vin par le système, on ne peut plus déplorable, des *levées,* est impossible. On est donc obligé de se servir de canalisations mobiles, en métal ou en toile, qui courent sur le sol le long des supports des foudres, ou que l'on soutient à une certaine hauteur, de distance en distance, par des tinettes ou comportes, dans l'intérieur desquelles, au besoin, est recueilli le liquide qui s'échappe des joints mal faits, chose fréquente lorsque les divers tuyaux, au lieu d'être vissés l'un à l'autre, sont simplement assemblés par frottement.

Ce mode de faire, on le comprend, occasionne un certain encombrement, et tout au moins oblige les ouvriers à une plus grande attention, pour ne pas écraser les tuyaux en marchant ou les *engloutir,* en jetant à terre un des outils dont la mise en train leur est nécessaire, tels que les charges en bois et les manteaux des pressoirs, les cornues, les pelles et couteaux à marc, etc.

On a songé, plus tard, à avoir des pompes fixes, dans le réservoir desquelles viennent aboutir un ou plusieurs tuyaux collecteurs, où, par des raccords verticaux, on versait le vin contenu dans les foudres. On a pu alors organiser le soutirage des vins avec un ordre des plus parfaits. Le bassin est généralement fait en béton recouvert de ciment. Nous engagerons les propriétaires à ne pas procéder ainsi. Nous préférons que le réservoir soit en bois et fabriqué comme s'il devait être mobile; il sera mis dans une fosse bâtie en pierre sèche et reposera sur quatre dés également en pierre brute; car, de cette façon, l'air circulant au-dessous, l'humidité atteindra bien moins ce cuvier, qui sera, du reste, enlevé de ce siége tout le temps que l'appareil ne fonctionnera pas, pendant que le trou sera fermé par un couvercle en bois dur. On aura aussi le soin de ponter ce cuvier, afin que les saletés extérieures et l'air atmosphérique ne puissent atteindre le vin. On se rapprochera ainsi le plus possible des instruments sans réservoir, dont nous parlerons plus loin.

Dans le cas des pompes fixes, voici comment doit être l'agencement général qui réalise le mieux, et à un plus haut degré, tous les progrès de la science vinicole moderne. On trouvera, du reste, plusieurs caves du Midi ainsi outillées ou, du moins, dont l'installation se rapproche beaucoup de celle que nous allons décrire.

Supposons, par exemple, une cave ayant un couloir médian, à gauche et à droite duquel sont des tonneaux. On a fait, au milieu de ce couloir, une tranchée de 40 centimètres de profondeur, que l'on a maçonnée ensuite avec de la chaux hydraulique, en revêtant les divers joints des pierres avec de bon ciment. Dans celle-ci on place une conduite en cuivre bien étamée en dedans, supportée de distance en distance par des dés en pierre brute. Nous connaissons bien des chais où l'on verse le vin directement dans la conduite en pierre; mais nous ne saurions trop nous opposer à ce mode de faire. Tout d'abord, si celle-ci est construite en calcaire, elle sera attaquée par les acides du vin, pendant que ce dernier verra la proportion de ceux-ci diminuer.

D'autre part, nous demandons que le réservoir de la pompe soit en bois et la canalisation en cuivre; c'est qu'il est arrivé très-fréquemment que les matériaux des conduites en béton ou en ciment, que ceux des cuves en pierre, ont réagi par leurs sels sur les éléments du vin, et que la crême de tartre, par exemple, s'est transformée en un nouveau produit, normalement étranger au vin. On a, il est vrai, le soin de recouvrir le fond et les parois de ces cuves de dallages en briques vernies; mais nous n'engagerons personne, soit pour une bonne fabrication, soit pour une garde sûre, de manœuvrer un liquide acide, et qui doit le demeurer sous peine de dégénérer, dans des canaux, ou de le conserver dans des réservoirs dont les matériaux sont par lui attaquables.

Vis-à-vis chacun des foudres, soit à gauche, soit à droite, le tuyau collecteur porte un ajutage souterrain, sur lequel se visse à angle droit un raccord qui, par un nouveau coude vertical mobile, aboutit à la soupape inférieure de ces derniers. Cette seconde portion ne se met en place que lors des besoins, et son point de jonction est fermé par un bonnet à vis.

Ce canal général vient se déverser dans le réservoir de la pompe et à son *fond*, à l'aide d'un trou muni d'un raccord taraudé; en sorte que, lorsqu'on décuve ou soutire du vin, rien n'est apparent au dehors. Le tonneau se vide sans aucun embarras, sans opération dangereuse pour le liquide, sans qu'il s'en perde une goutte et sans que les ouvriers soient gênés en rien pour leur travail.

On pourrait, à toute force, construire à sec la galerie souterraine; mais il vaut mieux la maçonner par simple précaution; car, s'il arrive qu'un tuyau vienne à perdre ou une bride à être mal ajustée, le vin extravasé se dirigera naturellement vers la pompe, parce qu'on aura eu le soin de donner au *sol de cette galerie une inclinaison* convenable pour ce a.

Au lieu d'une seule tranchée médiane, on peut aussi en faire deux, parallèles chacune à une des deux rangées de foudres. On n'a pas besoin ainsi de creuser dans le sol tous ces canaux perpendiculaires au grand collecteur et aboutissant à chaque tonneau.

Cette disposition sera plus économique, si le couloir du milieu est très-large. Dans le cas contraire, une seule conduite sera préférable.

Si l'on ouvre le robinet d'un des récipients quelconques de la cave, le liquide aboutira au réservoir; la pompe le soulève, et il entre dans un tuyau vertical dont la hauteur doit dépasser de 50 centimètres au moins le sommet des foudres. En ce point, il est conduit dans un petit réservoir métallique, *bien étamé, couvert et hermétiquement clos,* d'où part le tuyau général supérieur de distribution, qui consiste en une conduite de cuivre courant, en haut, parallèlement à la paroi postérieure des tonneaux, en face chacun desquels elle présente un raccord muni d'un robinet, ou, ce qui est moins cher, d'un simple bonnet-obturateur sans soupape-clapet. Il suffira, enfin, pour le faire arriver à destination, de dévisser celui-ci ou d'ouvrir celui-là vis-à-vis du foudre à remplir.

D'autre part, pour que le vin passe du côté opposé de la cave, qui présente aussi son tuyau général de distribution, il sera nécessaire d'installer un troisième embranchement, perpendiculaire aux deux autres et mettant le premier en communication avec le second. Un seul canal supérieur, placé sous le plancher, au milieu du couloir et dans le sens de sa longueur, sera, dans certains cas, très-suffisant; car, des deux côtés, il pourra fournir un raccord à chacun des tonneaux. Selon les dimensions du cellier, chacun choisira l'arrangement le plus convenable.

Il résulte de là que, si la pompe est située au milieu de la cave, contre une des murailles, au-dessus des foudres comme souterrainement, les tuyaux de distribution auront dans leur ensemble la forme de la lettre H, si l'on a adopté les deux conduites parallèles en haut et en bas, et rappelleront l'échelle *pied-droit* des jardiniers, si l'on s'est contenté d'un seul canal central.

Le vin des pressoirs ira également aboutir dans le réservoir de la pompe par un tuyau spécial enfoui dans le sol, afin de ne pas gêner la mise en train des appareils ou de la décuvaison; on évitera ainsi des frais de transport à bras d'homme, toujours fort coûteux, des manœuvres où l'on perd toujours du vin et une exposition à l'air dont le liquide souffre toujours.

Dans le cas où l'on ne voudrait pas mêler le vin de *taille* avec le vin de *mère-goutte,* on recevrait le premier dans un récipient spécial, d'où on le porterait au lieu voulu, à l'aide de la pompe mobile, comme on le fait généralement encore aujourd'hui.

Il faudra, en outre, donner aux canaux souterrains parallèles à la longueur de la cave, ainsi qu'à ceux qui lui sont perpendiculaires, une *pente convenable vers ce même réservoir,* afin qu'il ne reste jamais de liquide dans leur intérieur. — Les tuyaux *supérieurs* s'écouleront dans le petit récipient qui reçoit le vin monté par la pompe, et de là, par une conduite descendante, leur contenu retombera dans le grand bassin de celle-ci. — Quant aux raccords qui conduisent le vin dans les foudres, ils devront avoir une légère inclinaison de *haut en bas* et d'*arrière en avant.*

A la fin des opérations, avec un seau et une éponge on égouttera complètement le réservoir de l'appareil élévateur, pour qu'il n'y reste pas trace de vin; on le lavera, au besoin, et on le saupoudrera de chaux vive réduite en poudre, destinée à le sécher complètement et à empêcher toute production de moisissures nuisibles.

Pour recommencer, il suffira de laver à grande eau.

Quant aux tuyaux, nous conseillerons de les nettoyer, avant et après chaque campagne vinicole, avec une eau légèrement alcaline, dans le but de les rendre aussi propres que possible. On pourrait même démonter les canalisations souterraines et les mettre dans un lieu très-sec.

Ceci posé, nous connaissons une foule de constructeurs dont les pompes, bien faites d'ailleurs, peuvent servir comme instruments à cuvier, mobiles ou fixes, et que nous allons passer en revue.

(*A suivre.*)

L'OUTILLAGE VITICOLE ET VINICOLE

au Concours régional de Toulon

(*Messager agricole* — juillet 1873)

Le Concours régional de Toulon a très-heureusement inauguré la reprise de ces utiles exhibitions où constructeurs et praticiens viennent montrer et voir les derniers perfectionnements introduits dans les appareils dont se sert l'agriculture. Un grand nombre d'exposants, plus considérable même que par le passé, avait répondu à l'appel du Ministère de l'agriculture, et nous ne surprendrons personne en disant que ce progrès très-remarquable est dû certainement en partie aux bons soins et au zèle infatigable du Comice de Toulon, dont tous ceux qui travaillent connaissent le Président, l'auteur de cet excellent livre qui s'appelle *le Vigneron provençal*.

Des essais multiples ont eu lieu ; mais, à notre avis, ils auraient besoin d'être institués avec plus de durée, plus de rigueur et surtout plus d'exactitude. En effet, toutes les personnes qui ont assisté depuis quelques années à ces Concours pratiques ont pu s'apercevoir de deux choses :

1° De l'inexpérience de la plupart de ceux qui conduisent les instruments;

2° De la non-habitude des attelages à faire marcher l'appareil.

Généralement les constructeurs habiles tiennent eux-mêmes les mancherons des charrues, mais ils sont en petit nombre et la plupart les livrent aux premiers venus ; d'où il suit que l'outil, souvent excellent, va un peu comme il peut, beaucoup comme le veulent les animaux, et bien des fois pas du tout comme il faut. Les attelages sont presque toujours empruntés, soit aux entrepreneurs de camionnage, soit à des rouliers. Or chacun sait bien que, pour enlever une charrette de son lieu de repos, il est nécessaire que les animaux donnent un fort coup de collier au début, sauf à maintenir le mouvement reçu par un tirage continu. Or, en labourage, les coups de collier ne valent rien du tout, notamment dans la culture de la vigne d'après le mode méridional; il faut une marche uniforme, permanente et non saccadée. Si une résistance un peu plus grande survient, il est indispensable que l'animal augmente graduellement l'énergie de l'effort, alors que, s'il opère par un coup brusque, il peut lui arriver quelquefois de briser l'outil, ou tout au moins de lui imprimer une direction vicieuse, que l'ouvrier ne saurait réprimer à temps.

Aussi croyons-nous qu'à l'avenir il serait bon de publier, à l'avance, non-seulement les expériences qui seront faites, mais comment et sur quelle nature de terrains elles seront réalisées? De cette façon, les constructeurs pourront apporter avec eux les outils appropriés et au travail à faire, et au sol où il sera exécuté. En outre, si, en dehors des médailles, par des prix suffisants *en argent*, on récompense les meilleurs instruments, il faudra obliger les constructeurs à avoir avec eux de bons attelages et de bons conducteurs; car chacun d'eux, certain de rentrer dans ses déboursés, s'il est couronné, n'hésitera pas à avancer les frais nécessaires pour se procurer les uns et les autres.

La Société royale d'agriculture d'Angleterre, cette admirable institution sans égale au monde, a si bien compris cela qu'elle fait des concours partiels pour vérifier à loisir et *à fond*, chaque année, un petit nombre d'instruments qu'elle soumet à différents essais, auxquels chacun arrive avec tout ce qui lui est nécessaire. Bien plus, les grands constructeurs de charrues, les Fowler, Howart, etc., sont aussi de parfaits laboureurs; et voilà comment, en alliant les connaissances mécaniques agricoles aux données scientifiques de l'industrie, nos voisins sont arrivés à un outillage souvent parfait, fort léger en apparence, mais d'une grande résistance foncière, qu'il emprunte à l'acier dont on se sert. Que nos fabricants veuillent bien réfléchir à ce que nous disons ici.

Dans les charrues vigneronnes ou dans les bineuses pour la culture de la vigne, houes à cheval, extirpateurs, etc., MM. Renault-Gouin, l'intelligent constructeur de Sainte-Maure (Indre-et-Loire); Primat, de Bordeaux; Pellet, de Gurgy (Yonne); Séguy, de Béziers (Hérault), et Eybert, de Pont-Saint-Esprit (Gard), se sont disputé les prix. Nous sommes convaincu que, dans des essais suffisants et rationnellement institués en ce sens que la durée en sera plus longue et plus agricole, le verdict définitif aura une plus grande autorité. En effet, à la suite des résultats obtenus à la Garde, dans la propriété gracieusement mise, par M. Pellicot, à la disposition du jury, nous voyons reléguer au dernier plan les instruments de M. Séguy, de Béziers, auquel la plupart des viticulteurs du Midi achètent leurs appareils, qu'une expérience de tous les jours leur affirme être excellents. Or dans quel camp se ranger? Est-ce du côté de ceux qui ont vu l'instrument à peine un quart d'heure, ou de ceux qui le font marcher depuis longtemps? Poser la question, c'est la résoudre. Nous ne critiquons nullement la décision du jury, dont la conviction impartiale s'est certainement formée à l'aide des faits observés, car M. Renault-Gouin, qui a eu les deux premiers prix, est un très-habile fabricant, dont, à plusieurs reprises, nous avons vu fonctionner les instruments; mais nous saisissons cette occasion pour formuler simplement le désir de voir les essais de charrues se faire de la façon suivante :

Les attelages et le conducteur seront fournis par les exposants;

La nature du terrain et le travail à exécuter seront connus à l'avance par les constructeurs;

Une certaine étendue de terre, suffisante pour marcher une heure, sera livrée à chaque exposant;

Le temps employé, la manière dont sera exécuté le travail et son fini plus ou moins complet, les différents incidents survenus au cours de l'opération, seront inscrits, aussi bien que les qualités ou les défauts de la construction mécanique de l'appareil.

Enfin, comme en toute chose il faut noter le doit et l'avoir, on calcu-era le degré de traction nécessité par les appareils, c'est-à-dire la quan-tité de force utile pour les manœuvrer, et, en outre, au dynamomètre, on vérifiera ce que représentent de puissance les attelages employés. De cette manière, sachant ce que vaut le moteur et ce que consomme la machine pour marcher, on appréciera ce qui est de trop en vigueur utile dans un attelage robuste ou ce qui fait défaut dans une bête trop faible. On tiendra ainsi compte de l'énergie des animaux, ce qu'on ne fait pas aujourd'hui, ou ce qu'on ne peut faire qu'au juger. En outre, par des ré-compenses spéciales destinées aux conducteurs, on intéressera ces derniers au bon fonctionnement des instruments.

Un essai fait de cette façon nous semble irréprochable, parce que, ayant la durée pour lui, il est sérieux, agricolement parlant, et qu'on peut réduire tous les résultats à l'unité de force, à l'unité de travail et à l'unité de temps. Avec de pareilles bases et des renseignements aussi précis, le praticien, qui, quoi qu'on en dise, tend toujours à acquérir l'instrument primé, achètera en toute sécurité les appareils dont il a besoin.

M. Jean Cros, à Béziers (Hérault), présente de bons ciseaux pour la vigne, ainsi que de gros sécateurs pour couper les gros coursons ou les bras de souche qu'il faut enlever. C'est un constructeur tout à fait au courant de son métier.

M. Letuaire, de Toulon, avait une très-grande collection de sécateurs, qu'il fabrique ou qu'il tient en dépôt des fabriques de MM. Aubert, Gérard, Thuilier et Tachet. Nous recommandons tout particulièrement les instruments de M. Aubert, de Lavillate, près Nozay (Saône-et-Loire), dont certains modèles exécutent, en coupant, le même mouvement de scie que l'ancienne serpette, alors que les autres, plus gros, peuvent sec-tionner des branches de cinq centimètres de diamètre. Les deux mâ-choires sont tranchantes, d'où il suit que, au fur et à mesure qu'on prend un point d'appui en un lieu quelconque, celui-ci est enlevé. Ainsi, de ce qui reste, rien n'est contusionné, et la plaie est très-nette.

Signalons également le ciseau qui retient le raisin coupé, dont l'emploi devra être général, surtout dans les plaines où l'on cultive les cépages à bois tendre, et pour la vulgarisation duquel un abaissement de prix est indispensable. Par l'emploi de la serpette ordinaire, quand la maturité est suffisante, surtout avec les terrets ou les aramons, l'ébranlement transmis à la grappe par la section fait quelquefois tomber des grains à terre en assez grande quantité; en outre, il faut les deux mains; tandis qu'avec le sécateur que j'appellerai *uvophore,* le raisin reste suspendu dans les mâchoires de l'appareil sans avoir subi de secousse ; il suffit que la main gauche aille le recevoir pour le mettre dans le panier. De même que la grosse serpette a disparu pour la taille, quoique, en certains cas, son travail fût supérieur, non en quantité, mais en qualité, à celui du ciseau, la serpette à raisin doit être abandonnée. Ce n'est qu'une affaire de temps, car je ne n'ose pas dire de mode. N'en a-t-il pas été de même au début pour les ciseaux ? N'a-t-on pas dû, pour habituer les ouvriers à leur emploi, les leur fournir ? Or, aujourd'hui, aucun ne consentirait à se servir de la serpette, de la *poudadouire.* Il en sera de même pour la cueillette du raisin.

Dans le greffoir de M. Chabaud, formé de deux outils, dont l'un fait une entaille dans le sujet à greffer et dont l'autre coupe le plant à propager, de telle façon qu'il remplisse exactement cette entaille par un de ses bouts, les vignerons trouveront un instrument qui aura une application heureuse en bien des circonstances.

M. Séguy, de Béziers, exposait son écorçoir pour la vigne, destiné à combattre les insectes qui cherchent un refuge dans les écorces, et qu'il a modifié depuis qu'il l'a présenté à la Société centrale d'agriculture de l'Hérault. Tenant compte des observations qui lui ont été faites dans notre Rapport, au nom de la Commission qui fut nommée pour son examen, il a rendu l'instrument beaucoup plus léger et il a augmenté les surfaces rugueuses. Toutefois le prix de 8 fr. est encore trop élevé. (1)

Tout à côté de lui, M. Agarrat, taillandier, à St-Nazaire, avait exposé une herminette à écorcer, du prix de 4 fr., dont l'application ne peut être faite que sur les arbres, et surtout le chêne-liége, fort cultivé dans le Var et dans les Alpes-Maritimes.

Les scies à manche recourbé, de M. Joseph Fournier, d'Ollioules (Var), pourront utilement servir pour couper de gros coursons ou dans le greffage des vignes. Il est certain que, si l'on n'a pas de ces gros sécateurs à *souchets,* la scie sera excellente, vu qu'elle n'a pas l'inconvénient, très-fâcheux selon nous, de la hachette, dont à tort on se sert en bien des endroits et qui, par les ébranlements répétés qu'elle imprime à la souche,

(1) Depuis que ces lignes ont été écrites, nous avons eu la satisfaction d'apprendre que les écorçoirs sont vendus meilleur marché.

peut en compromettre l'existence ; en outre, les sections sont bien plus nettes, la cicatrisation plus rapide et le moignon plus régulier.

Les fouloirs étaient en petit nombre, et il faut avouer qu'aucun d'eux n'est recommandable pour le Midi. Ainsi, que viennent faire dans des pays à quantité, et pour écraser des raisins, des instruments comme ceux de M. Aubin (à Draguignan, Var; prix : 100 fr.), dont les cylindres de bois sont recouverts de toiles métalliques à mailles carrées; et ceux de M. Gassin (à Draguignan, Var; prix : 70 fr.), à manivelle trop basse, et dont les organes écraseurs, de la même matière que les premiers, sont revêtus de forte tôle, avec gros clous à tête carrée et saillants, je crois; ou tels que celui présenté par M. Eybert, dont les rouleaux également en bois présentent, sur leurs surfaces, des saillies formées de cordes en sparteries, mises, sur l'un en ligne droite, dans le sens de la longueur, et sur l'autre en hélice ? C'est revenir à Noé. Cette persistance à présenter des instruments mauvais, et dont le seul mérite trompeur est d'être bon marché, nous étonne de la part de certains constructeurs, qui, habitués à aller dans les concours régionaux, y ont vu de bons appareils, judicieusement construits, et qu'ils devraient reproduire ou dont ils auraient avantage à s'inspirer pour modifier les leurs.

M. Mabille, d'Amboise (Indre-et-Loire), a présenté un fouloir à cylindre en fonte, cannelé, à volant et à engrenages, dont la manivelle peut se mettre à volonté, selon les besoins du cellier, soit directement sur l'axe d'un des cylindres, ce qui en diminue la puissance, soit latéralement sur un pignon. D'un modèle moyen, mais encore trop petit pour nos exploitations, cet instrument se recommande par sa bonne structure, quoiqu'il soit loin d'être comparable aux bons fouloirs de MM. Bureau, de Puisserguier (Hérault), et Castie Talma, à Lézignan (Aude). Ainsi, son régulateur en bois, qui, situé à la partie postérieure de l'appareil, permet de fixer l'écartement des cylindres, ne vaut pas le système des coussinets dont le bâtis est écarté ou rapproché par une vis à tête immobilisable par une clef à cadenas.

Non loin se trouve l'appareil de M. Samain, de Blois (Loir-et-Cher), coté 120 fr., qui ressemble beaucoup à l'instrument dont nous venons de parler, mais qui s'en distingue, notamment, en ce qu'il est muni d'un frein automoteur qui permet aux cylindres de s'écarter, lorsqu'un corps dur quelconque vient à se présenter entre ses mâchoires. La résistance de ce dernier pour se laisser broyer étant supérieure à la force du ressort qui maintient les cylindres rapprochés l'un de l'autre à une distance déterminée, celui-ci cède, les rouleaux s'écartent et le corps dur passe, après quoi tous les organes reprennent la même position qu'ils avaient antérieurement. Nous espérons bien que l'usine d'Amboise, mettant à profit ce qu'ont pu voir ses représentants dans le midi de la France, nous présentera, l'année prochaine, des fouloirs qui ne le céderont en rien aux appareils précités.

MM. Liautard et Fabre, à Brignolles (Var), ont construit un fouloir nouveau comme disposition d'organes, du prix de 220 fr. Il est tout en fonte et a l'aspect d'une caisse oblongue dont on aurait enlevé la paroi supérieure, et au fond de laquelle gisent les deux cylindres. La cage ou trémie en forte tôle, mobile, repose sur le bâtis qui supporte les rouleaux écraseurs et y est liée par quatre broches verticales; on dirait un rectangle ayant environ 0m,80 de côté. Son enlèvement est facilité par des manettes latérales externes. Les cylindres, convenablement cannelés, sont très-bas posés, trop bas peut-être; le mouvement de la manivelle à volant leur est transmis, du niveau ordinaire, par un double pignon dont l'axe vertical a toute la hauteur de la trémie. L'ensemble repose sur quatre pieds fort courts, et, à l'aide d'anses rigides, peut être changé de place à volonté. Tout se démonte très-facilement et le nettoyage est aisé. Si nous faisons ici nos réserves pour une machine complétement métallique, destinée à avoir de nombreux et prolongés contacts avec le moût, les peaux des raisins ou les grappes, quelquefois encore herbacées et, par suite, plus riches en acides libres, nous pouvons affirmer qu'il nous paraît présenter quelques avantages. Quoique tout en fer ou en fonte, il est plus léger que les fouloirs ordinaires dont le bâtis est en bois de forte dimension; en outre, facilement et rapidement divisible en deux portions, il est assez transportable. L'espace qu'il occupe n'est pas grand; il est solide et bien construit.

Toutefois il faudrait, d'ores et déjà, incliner davantage le bas des parois latérales, afin d'amener convenablement la vendange au milieu des deux cylindres. Si nous avons dit que ces derniers sont situés un peu trop près du sol, c'est que, en effet, lorsqu'il s'agit d'aplanir le cône formé par la vendange dans le tonneau, il faut pouvoir passer avec une fourche sous la pyramide quadrangulaire tronquée qui constitue l'entonnoir inférieur de l'appareil; or, si les organes actifs sont trop bas, ils gêneront dans cette manœuvre, qu'on ne pourrait alors exécuter qu'en mettant tout l'appareil de côté, ce qui est un inconvénient. Uniquement parce qu'il sortait du modèle ordinairement adopté, pour en recommander l'étude aux constructeurs et l'examen aux hommes de l'art, nous avons cru bien faire de donner en détail la structure de cet instrument, quoiqu'il soit trop cher par rapport à d'autres machines dont l'expérience a sanctionné la bonté, et qui lui sont certainement supérieures comme quantité de travail quotidien.

Les pressoirs étaient présentés par MM. Long, à Marseille (Bouches-du-Rhône); Sayou, à Toulon (Var); Coq, à Aix (Bouches-du-Rhône); Samain, à Blois (Loir-et-Cher); Eybert, à Pont-Saint-Esprit (Gard); Primat, à Bordeaux (Gironde); Mabille, à Amboise (Indre-et-Loire).

Les trois premiers constructeurs avaient envoyé des instruments de fort petite dimension, et dont l'application n'était possible que dans des propriétés d'une très-petite étendue. Il est à désirer que, s'inspirant des besoins agricoles de leur région, ils soumettent, l'an prochain, aux agriculteurs, des appareils plus grands et pouvant mettre en œuvre une quantité de marc plus considérable. Sans préjuger en rien le mérite de pareilles machines, on nous permettra de dire que le plus mauvais pressoir, lorsqu'il est d'un petit modèle, donne toujours un travail satisfaisant, et ce n'est que lorsque le volume de la matière à comprimer atteint une surface assez grande que l'on peut efficacement apprécier la bonté d'un tel instrument.

L'appareil de M. Primat est mû par une roue dentée, portée directement sur l'écrou, et que mettent en jeu, au début, un petit pignon conique à volant, et plus tard un roue à rochet dont le levier est assez grand. Le mécanisme est simple et la puissance considérable. Le modèle présenté est petit, et il eût été très-intéressant de le voir marcher avec du marc. Ce sera, il faut l'espérer, pour les concours de 1874.

M. Samain, dont on pouvait apercevoir les deux types de pressoir: *appareil à genou et à sommier supérieur fixe ; appareil à genou, à écrous libres et à course illimitée,* avait eu le tort de ne présenter que des modèles usités en parfumerie ou dans les laboratoires. Nous persistons donc à dire à cet habile exposant qu'il est regrettable qu'il n'amène pas dans le Midi de ses grands instruments. Il y a longtemps que nous formulons ce vœu, et malheureusement il n'est pas entendu. Au dernier concours expérimental de Narbonne, en 1872, il en a été essayé un dans la claie duquel ont pu se placer environ 1,000 kilogr. de marc; c'était déjà un progrès au point de vue absolu, mais non relativement aux dimensions que présentent les machines d'autres constructeurs. Si l'on eût eu à Toulon une matière convenable pour faire des essais, M. Samain n'eût pu concourir, et c'est vraiment dommage, car le principe mécanique qui guide ce constructeur est des plus rationnels; ses instruments sont simples, surtout celui à écrou libre, où il n'est plus nécessaire, comme dans l'autre type, d'ajouter du bois et de perdre à la fois, non-seulement du temps, mais encore une partie du travail accompli antérieurement et qu'il faut refaire à nouveau ; la manœuvre en est facile et commode, le résultat de la compression très-satisfaisant. Une seule chose fait ombre au tableau : c'est le prix très-élevé de ces appareils.

M. Eybert a conduit des pressoirs à percussion dont les organes laissent beaucoup à désirer. Il est fâcheux que ce constructeur ne donne pas plus de fini à sa fabrication, qu'il soignait mieux autrefois, il nous semble; en outre, pourquoi n'a-t-il pas amené un grand pressoir à percussion avec un volant, par exemple, de 2 m. 50, tel que nous en connaissons? Il eût été très-intéressant de le juger à l'œuvre comparativement aux autres systèmes.

A l'occasion de notre rapport sur les expériences faites à Narbonne, M. G. de Rolland, dans le *Messager agricole,* relevait le gant en faveur du premier. Or, si à Toulon on n'a pu faire aucune expérience, les fabricants devraient bien se décider à entrer en lice à la récolte prochaine, mais avec de bons appareils, ainsi que le proposait l'honorable viticulteur de Saint-Julia, par Trèbes (Aude).

M. Eybert, dont, en 1868, au concours régional de Montpellier, nous avions remarqué les produits, habite un département où la vigne occupe une large place; certainement les viticulteurs lui demanderont des instruments plus puissants : voilà pourquoi nous l'engagerons à les construire au plus tôt, s'il ne veut pas que les demandes se dirigent d'un autre côté. Ce qui nous fait craindre que cet industriel n'abandonne les pressoirs à percussion, c'est qu'il a installé sur une de ses vis le système à engrenages de M. Marchand, de Tours (Indre-et-Loire), dont les appareils vont à trois vitesses : une rapide, quand on agit directement sur l'écrou; une seconde intermédiaire, amenée par un ensemble de roues dentées, posé d'un côté de l'écrou, alors que la troisième vitesse, la plus faible et à laquelle est liée la puissance la plus grande, est réalisée par un autre groupe mécanique analogue, dont le fonctionnement met tous les organes de la machine en marche. Un débrayage à excentrique, fort simple, permet ces diverses combinaisons. Ce dernier système est très-puissant et, malgré sa structure en apparence complexe, il donne de très-bons résultats. Quoi qu'on en ait dit, les dangers d'accident pour les ouvriers ne sont pas très-fréquents, vu que, pendant le travail, ceux-ci, au nombre de deux, agissent sur un volant situé assez en dehors des roues dentées. Quant aux réparations occasionnées par la rupture d'une dent, elles sont bientôt faites, vu que, en supposant qu'on ne s'adresse pas aux dépôts établis, il est facile de réclamer, par correspondance, une pièce d'un numéro déterminé et sorti d'un moule d'un calibre fixe. M. Eybert avait mis, au lieu d'un manteau plein, une forte claie horizontale comprimant le marc et livrant passage au vin par ses vides. C'est une très-heureuse idée si, en même temps, la compression est aussi efficace et la solidité conservée.

La maison Mabille avait envoyé ses deux types d'appareil. L'un, qu'on a pu voir, en 1867, au Champ de Mars à Paris, est à engrenages; seulement on a supprimé le volant horizontal, dont nous aurions préféré le maintien. L'usine d'Amboise, paraît-il, renoncerait à ce genre de fabrication pour ne conserver qu'un seul modèle, celui du pressoir à levier multiple. Il est certain que, comme simplicité et facilité de manœuvre, ce dernier ne laisse rien à désirer; sa puissance est aussi très-considérable et le travail bien fait. Un simple levier horizontal, plus ou moins grand, agit, par l'intermédiaire de deux bielles d'inégale longueur, sur deuxe lavettes bisautées, mettant en jeu une couronne horizontale reposant directement sur l'écrou et percée d'un certain nombre de trous vers sa périphérie. Par un mouvement alternatif d'avant en arrière, et *vice versâ*, le plateau central tourne, poussé qu'il est par une des clavettes, pendant que l'autre se relève peu à peu, grâce à la coupe spéciale de sa pointe inférieure. Celles-ci sortent et entrent successivement dans les trous de la couronne, qu'elles font ainsi tourner. Comme on peut immobiliser le bâtis de l'écrou, de façon à mettre la douille qui doit recevoir le levier là où l'espace est le plus grand, on comprend qu'il soit facile de faire agir ce dernier.

Si l'on joint à cela que l'usine d'Amboise munit tous ses appareils d'un drainage inférieur, dû à une claie reposant directement sur la maie, et dont les soliveaux, coupés en biseau de haut en bas, l'un de dedans en dehors et l'autre de dehors en dedans, sont creusés dans toute leur longueur, à la paroi inférieure, d'un canal où s'insinue le liquide chassé par la compression, et qui est ainsi rapidement amené à la périphérie; si l'on remarque que la vis est entourée, jusqu'à une certaine hauteur, à la partie comprise dans le marc, d'une botte en fonte creuse et percée de rainures verticales, afin que le centre de la matière soit aussi vite asséché que la circonférence, grâce au canal vertical, situé entre la vis et la botte, que peut suivre le vin en toute liberté, et qui vient aboutir au-dessous de la claie horizontale de la maie ; si l'on songe que, par un mouvement très-simple, les portions latérales du manteau se relèvent à l'aide de charnières et viennent se fixer à *l'estaudet*, ou sommier supérieur en bois, par deux crochets, alors que la partie centrale fait corps avec celui-ci, d'où il suit que, en faisant tourner l'écrou on remonte aussi le manteau, on comprendra la vogue de ces pressoirs dont le mérite a été définitivement reconnu dans de nombreuses expériences. En effet, on nous accordera que si, dans une machine, on trouve à la fois simplicité dans la structure, facilité dans la manœuvre, rapidité dans la marche, prix relativement avantageux, fabrication soignée et fini dans le travail exécuté, c'est à son constructeur qu'il faudra s'adresser. Aussi, plus le succès couronne les efforts de M. Mabille, plus nous regrettons de n'avoir pu vérifier nous-même la valeur pratique de ses appareils dans des essais suivis et sévèrement contrôlés, comme on l'a fait en octobre dernier au concours de Narbonne, où l'on a expérimenté les pressoirs à genou, les pressoirs à percussion et les pressoirs à engrenage. Si le pressoir à levier multiple eût été présent, la cause eût été définitivement jugée par les machines elles-mêmes.

Le jury a décerné les prix dans l'ordre suivant :

Médaille d'or...... M. Mabille.
— d'argent... M. Eybert (pour l'appareil à engrenages).
Médaille de bronze. M. Primat.
Mention honorable.. M. Samain.

Vingt-trois pompes à vin ont été présentées par sept constructeurs.

Toutes, sauf deux, se faisaient remarquer par l'absence de cuvier; elles puisaient, par conséquent, directement dans la barrique ou dans le foudre à vider. De pareils instruments présentent un grand avantage: c'est que le vin passe d'une demeure dans une autre sans qu'on en aperçoive une goutte au dehors des tuyaux. C'est là un progrès sérieux, qui s'affirme tous les jours en se généralisant dans les diverses régions viticoles.

Tout d'abord mettons hors de cause deux appareils dont nous ne conseillerons l'usage que pour les vins blancs ou les vins rouges clairs et les spiritueux. Ce sont deux pompes, dont l'une est rotative et l'autre ne l'est que partiellement, grâce à un mouvement de va-et-vient. L'une d'elles, due à M. Henry, de Paris, et d'origine américaine, est constituée par un boisseau dans lequel entrent et sortent quatre lames métalliques. Si l'on fait tourner la manivelle, celles-ci chassent d'abord l'air et puis l'eau devant elles, en faisant le vide en arrière; le liquide est continuellement refoulé par l'arrivée successive des lames obturantes. Comme le boisseau est cylindrique, par rapport au vide compris dans le bâtis du corps de pompe et qui a une forme particulière, il en résulte qu'il y a une position où les lames y sont totalement incluses, alors qu'elles ont leur maximum de saillie au siége opposé. C'est le point de division où finit le refoulement et où commence l'aspiration, grâce à une lame de cuivre à ressort qui en ce lieu frotte sur le boisseau. Le tout est en cuivre fondu, soigneusement alésé. L'instrument est très-doux à manier et le volume débité est assez grand. Toutefois, nous ne saurions recommander de pareils instruments qu'avec les plus grandes réserves, car leur durée, paraît-il, est limitée assez rapidement et, de plus, si, par cas, le moindre corps solide, graine, sable, tartre, etc., s'interpose entre les lames et la paroi intérieure du bâtis contre laquelle elles frottent, toute marche utile est suspendue. Pour les alcools, ces inconvénients n'existant pas, les négociants pourront les utiliser avec plus de profit. Nous avons vu une de ces machines doubles dont les corps de pompe pouvaient aspirer en deux tonneaux séparés, alors que le liquide sortait par un tuyau unique. On comprend que la fusion des deux composants est ainsi plus intime, et que dans les soutirages une organisation pareille sera fort utile. Un autre avantage de ce système, c'est qu'à volonté le tuyau de refoulement peut aspirer, et réciproquement. Or, dans le cas précédent, s'il faut faire un coupage moitié par moitié, on pourra aspirer par le tuyau unique et refouler par les deux tuyaux séparés, et par conséquent envoyer en deux points différents le liquide ainsi partagé en deux: la lumière du tuyau unique étant exactement le double de celle de chacun des tuyaux affectés à chaque corps de pompe. La visite et le nettoyage de ces machines se fait en enlevant une des parois latérales, retenue au bâtis par huit clous à vis.

Sous le nom de pompe parisienne, le même exposant montrait un appareil identique, mais dont les lames actives étaient réduites à trois et le mouvement s'effectuait à l'aide de deux roues dentées.

L'instrument de MM. Bourrelly, Raynaud et Laugier, de Marseille, se compose d'un corps de pompe circulaire de 10 centimètres de profondeur environ sur 30 de large, dans lequel se meut, suivant un plan vertical, une forte lame métallique mobile, à son centre, sur un axe horizontal que manœuvre un levier vertical extérieur. Cette lame, assez épaisse, a une longueur égale au diamètre du corps de pompe contre lequel elle frotte; à ses deux extrémités, et sur une seule de ses faces, elle porte un cuir qui amène l'étanchéité; une soupape en cuir chargé de plomb se remarque des deux côtés de son axe. Enfin, en un point est l'orifice d'aspiration, fermé par une lame de caoutchouc fixée en son milieu par une tige de cuivre, de manière à constituer deux obturateurs à fonctionnement distinct. Si l'on pousse le levier, la lame métallique qui forme boisseau va marcher, une de ses extrémités s'éloignant fait le vide derrière elle, et la lame-soupape correspondante de l'aspiration va être soulevée par l'eau qui pénètre dans le corps de pompe. Dans un mouvement inverse, cette même extrémité se rapproche; alors l'eau aspirée est comprimée; elle ferme la soupape d'aspiration et finit par soulever l'obturateur de la lame-boisseau, au-devant de laquelle elle passe. Dans une troisième manœuvre, cete même eau est chassée du corps de pompe et pénètre dans le tuyau de refoulement. L'autre extrémité produit le même effet, ce qui donne à cette pompe une double puissance. La course du levier est limitée par un arrêt supérieur. Quant aux usages, nous faisons les mêmes observations que ci-dessus. En outre, les débits que nous avons constatés sont relativement assez inférieurs, et nous demanderions de plus amples expériences comparatives pour mieux éclairer notre jugement.

Dans les autres machines, nous signalerons les pompes de MM. Eldin, de Lyon, à corps horizontal, et dont l'intérieur est soigneusement émaillé; Coq, d'Aix en Provence, dont les joints sont faits en gros papier, simplement graissé au suif, au levier desquelles on peut donner plus ou moins de longueur, selon la force de l'ouvrier qui manœuvre le volant, et dont les soupapes en cuir n'ont pas de charnières et sont tirées du même bloc de cuir qui se trouve entre les deux *platines*, et avec lequel elles ne forment qu'un seul tout; Vantelot-Béranger, de Beaune (Côte-d'Or), avec ses trois systèmes, soit à corps vertical, à levier ou à volant, avec soupapes verticales montées sur tourillons mobiles; soit à corps vertical oscillant, à soupapes horizontales et à axe central vertical; Noel, de Paris, dont les appareils à corps horizontal et à levier, ou à cylindre vertical à volant ou à barre, sont moins chers que les précédents et ont des soupapes-boulets en caoutchouc préparé, ainsi que des regards très-faciles à ouvrir, à visiter et à nettoyer.

La décision du jury a été la suivante :

Médaille d'or........ M. Noël.
— d'argent.... M. Coq.
— de bronze... MM. Vantelot-Béranger et Eldin.

Les cylindres de M. Noël sont en cuivre, alors que les corps de pompe chez tous les autres sont en fonte. Cette persistance à employer la fonte chez les uns, et les tendances de la plupart des fabricants à délaisser le cuivre ou le bronze, indiquent-elles un progrès ? Cela nous paraît douteux. Il serait intéressant de faire des analyses sévères, étudiant l'influence de ces métaux sur le vin, tant au point de vue du goût que des altérations qu'ils subissent et des composés qui en résultent. Il est d'expérience que le fer dans le vin est rapidement altéré, et que les clapets retenus par des clous en fer sont assez vite arrachés de leur siége par le flot de vin amené par la pompe, alors que les clous de cuivre durent plus longtemps et sont très-lentement rongés. Nos clapets eux-mêmes ont une durée indéfinie, quoiqu'ils soient toujours immergés dans le liquide. On observe même que si, par erreur, leur axe a été mis en fer, la conservation en est abrégée. Il y a donc lieu de réfléchir à ce mode de construction généralement adopté, et qu'il faudrait arrêter en le blâmant, s'il est bien démontré, comme nous le croyons, que le cuivre dure plus longtemps et surtout que son action sur les éléments du vin a moins d'inconvénient que celle du fer. D'autre part, comme les pompes ne servent qu'à la décuvaison et aux soutirages, il arrivera que, pendant la période de leur repos, si elles sont en métal facilement oxydable, comme le fer ou la fonte, elles se rouilleront et verront leur fonctionnement compromis. Enfin il y aurait aussi à examiner le rôle que pourrait ou devrait jouer l'étain, comme couche protectrice de tout ce qui a le contact des liquides légèrement acides.

Le filtre de M. Mesot (de Lyon) est un excellent instrument, que tout propriétaire doit posséder, car il fonctionne bien et vite, alors qu'on peut le nettoyer très-facilement. Son jeu supérieur repose sur la multiplication des surfaces filtrantes, sans que rien d'étranger vienne concourir à la production d'un heureux résultat.

Dans les entonnoirs automatiques à levier et, mieux, à robinet, ou dans les dégustateurs en métal blanc, directement vissés dans les douelles du foudre, de M. Bonnard, de Lyon; dans le porte-tuyau, s'adaptant à la partie supérieure des foudres, dans le cas où l'on remplit ceux-ci par leur ouverture supérieure, que présentait M. Mourier-Sipeyre, de Calvisson (Gard), en même temps qu'un frein pour foudre, destiné à remplacer rapidement, mais momentanément, par une corde un cercle rompu ; dans les bascules à vin si connues de M. Sagnier, de Montpellier, les viticulteurs trouveront de bons instruments, qui ont leur place marquée dans tout cellier. Nous signalerons aussi la machine à fabriquer les bouchons, de M. Dollone, de la Crau (Var), dont le fonctionnement est rapide, simple, et le travail parfait.

Dans son chauffe-vin, M. Saint-Joannis, de Marseille (Bouches-du-Rhône), a eu pour but de soustraire le vin à toute communication avec l'air extérieur, de le chauffer par le contact de l'eau dans un bain-marie porté à 60 à 65 degrés, et de le refroidir avant son retour dans les tonneaux, tout en construisant un appareil réunissant en un seul groupe facilement transportable le caléfacteur, le refrigérant, la pompe et son bassin.

Partout, sauf à la lunette par où pénètre le combustible (charbon de bois), le foyer est entouré d'eau. Les tuyaux par où passe le vin sont en plomb doublé d'étain, dans le bain-marie, et en cuivre étamé *intùs* et *extrà* dans le refrigérant, le liquide passant alternativement en dehors ou en dedans des tubes, selon qu'il vient ou qu'il va au caléfacteur. Comme la plupart de ses congénères, cet instrument donne le vin émergeant à une trop haute température. Pour lui comme pour les autres, nous demanderons qu'on augmente les surfaces refroidissantes, afin que le vin rentre dans sa nouvelle demeure avec une température sensiblement égale à celle de l'atmosphère ambiante. En outre, les espaces intertubulaires nous paraissent trop petits et risquent de s'obstruer. Nous signalerons l'ingénieux régulateur automatique, qui consiste en un cylindre de cuivre plongeant dans l'eau du bain-marie. A la température fixée, le flotteur s'enfonce d'une certaine quantité et perd par conséquent une partie de son poids; si la température s'élève, le volume de l'eau augmente, celui-ci plonge davantage, diminue de poids, et, comme à son sommet est liée une chaine qui aboutit à l'obturateur de la cheminée, celui-ci, n'ayant plus son poids équilibré par celui du flotteur, retombe et ferme le tuyau en partie. Le tirage se ralentit, le feu devient moins ardent, la chaleur de l'eau diminue ainsi que son volume, le flotteur retrouve son poids primitif et, contre-balançant l'obturateur du foyer, il le relève en activant la combustion. Cet appareil, bien construit, n'en est qu'à ses débuts ; nous nous plaisons à croire que, dans les mains habiles de son constructeur, il viendra grossir le nombre des bons instruments auxquels les producteurs, mais plus souvent les marchands de vin, devront avoir recours.

Voilà, dans son ensemble, ce que nous a présenté le concours de Toulon, en outillage viticole ou œnologique. Nous n'y avons rien trouvé de bien nouveau, mais nous avons constaté des perfectionnements notables dans beaucoup de machines, et c'est beaucoup.

Dans les réunions organisées par les soins de M. Halna du Fretay, inspecteur général de l'agriculture, de nombreuses questions ont été résosues. La création, dans notre région, de prix en argent pour les constructeurs, est une innovation excellente que nous devons à ce haut fonctionnaire, qui, dès le début de son inspection, a compris les améliorations foncières que demandaient les concours régionaux en nos pays. Nous ne saurions trop le remercier de ce qu'il a fait pour nous, et le seul moyen de lui témoigner notre reconnaissance sera d'aller grossir désormais le nombre des visiteurs, en montrant ainsi par notre empressement que la voie ouverte par ses soins est la seule bonne, la seule vraie. On nous permettra, au sujet de ces réunions formées des membres du jury, des exposants et des délégués des Sociétés agricoles de la région, de demander qu'on y admette quiconque, habitant le pays, croira utile de présenter quelques observations. Sans appartenir à aucune des catégories précitées, on peut être capable de formuler une excellente proposition ou d'attirer l'attention sur les inconvénients d'une mesure prise ou à prendre. Aussi voudrions-nous voir accorder la parole à toute personne connue dont la notoriété est un garant pour l'utilité de ce qui va être dit.

On a, avec juste raison, demandé la division des exposants de produits en deux catégories, producteurs et industriels, car il était étrange de voir accorder des primes et des médailles à des personnes dont le seul mérite était d'avoir acheté à chers deniers un litre d'excellent vin ou d'huile supérieure. Nous aurions mieux aimé voir totalement exclure quiconque n'est pas agriculteur, vu que les concours agricoles sont faits pour le producteur et non pour les marchands, auxquels appartiennent plus spécialement les expositions industrielles. Le négociant, dans son chai, a tout le temps nécessaire pour bien assortir ses produits, alors que le propriétaire doit compter avec les accidents atmosphériques, qui, à leur gré, lui font faire de la bonne ou de la mauvaise besogne. Enfin il était immoral d'encourager la chasse aux médailles de la part de personnes ne possédant pas un pouce de terre, et qui auraient été en peine bien souvent de présenter un second échantillon du produit exposé. A cet égard, nous demanderions qu'une mesure quelconque soit prise pour qu'on puisse s'assurer de l'authenticité de l'origine de celui-ci, et si ce dernier est bien le représentant d'une récolte personnelle à l'exposant.

ACTION DU PLATRE SUR LA VENDANGE ET SUR LE VIN (1)

Messager agricole — septembre 1873

Le dernier numéro du *Languedocien* (30 août 1873) contient, au sujet du plâtre, quelques passages sur lesquels je me permets d'attirer l'attention des lecteurs du *Messager agricole*, d'autant plus qu'ailleurs, soit pour activer la fermentation des raisins normaux et en améliorer les résultats, soit à propos des vendanges terreuses ou limonées, j'ai conseillé, en 1872 (Société centrale d'agriculture de Montpellier, séance du 8 avril), l'emploi de l'acide sulfurique, dont on ne pourrait plus accepter l'action bienfaisante dans la pratique, si les théories auxquelles je viens répondre aujourd'hui étaient reconnues exactes. Heureusement qu'il n'en est rien, comme on va le voir.

Ainsi on y lit :

« Le plâtre se borne à agir mécaniquement, et seulement mécaniquement, sur le vin, pour en hâter la limpidité. L'emploi du plâtre à la vendange n'est rien de plus qu'un drainage auquel on soumet le vin pour faire précipiter de bonne heure toutes les impuretés. Cette œuvre accomplie, le plâtre ne joue plus aucun rôle — au moins salutaire — dans la bonification et la conservation du liquide sur leqrel il a été répandu. Tout ce qu'on peut espérer de lui, c'est la neutralité ; car, s'il agit, ce n'est que pour nuire. »

Plus loin, on voit entre guillemets le passage suivant, sans y trouver le nom de l'auteur ni la source où il a été puisé :

« Le plâtre dissous dans le vin transforme une boisson bienfaisante et alimentaire en une boisson malfaisante, et qui, loin d'être un aliment, ôte l'appétit, trouble la digestion et compromet sérieusement la santé....

Quelques lignes au-dessous, on écrit :

» La science doit reconnaître que, si les eaux qui contiennent du plâtre sont déclarées malsaines et impotables, les vins qui en contiennent sont également impotables et malsains. Le sulfate de chaux, il est vrai, s'empare d'une partie de la potasse des tartrates par son acide

(1) Cette note a été lue par son auteur dans la séance de la Société d'agriculture de l'Hérault, du 1er septembre 1873.

» sulfurique, tandis que la chaux est saturée par une portion de l'acide » tartrique. Mais le sulfate de potasse est plus malfaisant que le sulfate » de chaux lui-même, puisqu'on a dû le délaisser, même en médecine, » comme purgatif malfaisant. »

Or toutes ces citations à l'appui de ce dire sont trop graves dans un journal comme le *Languedocien*, publié en plein Midi vinicole, pour qu'on ne les relève pas au nom de la science, de la vérité et de la justice.

Le plâtre agit d'une manière très-accessoire comme agent de filtration. On l'ajoute, en général, au vin après qu'il a été calciné, c'est-à-dire privé de l'eau qu'il contient naturellement. Ainsi, dans 1,075 kilos de plâtre cru, supposé pur, il y a 225 kil. d'eau qu'enlève la cuisson.

Une faible quantité de sulfate de chaux se dissout en nature dans le vin, et celle-là, seule, agira chimiquement; au fur et à mesure des réactions, une nouvelle dose s'introduit dans le liquide, et ainsi de suite.

La partie qui n'entre pas tout d'abord en dissolution, et qui reste en suspension, s'hydrate, en absorbant une certaine quantité d'eau qu'elle emprunte au vin, et, comme elle n'est pas soluble, elle tend à se séparer du liquide et à se déposer lentement. C'est à ce moment que les molécules de plâtre, dans leur propension graduelle à tomber au fond de la cuve, produisent un réseau inextricable, dans la descente duquel sont entraînées les diverses matières en suspension.

La chaux de la portion dissoute, laquelle agit chimiquement, comme nous allons le dire, avant de s'unir aux acides tartrique et autres, au moment où elle quitte l'acide sulfurique, dans ce temps si petit où elle est libre de toute combinaison, peut aussi impressionner les matières albuminoïdes, etc., de façon à les modifier moléculairement et à les précipiter.

Il faut crier bien fort que l'utilité du plâtre est principalement due à une action chimique. C'est surtout par son acide sulfurique qu'il intervient. Son but est de rendre libre et de chasser une partie de l'acide tartrique de sa combinaison avec la potasse de la crême de tartre, et de lui substituer l'acide sulfurique du plâtre. En même temps, la chaux du plâtre remplace la potasse et forme avec l'autre partie de l'acide tartrique un tartrate de chaux insoluble.

Après l'adjonction du plâtre, il ne reste pas de sulfate de chaux anormal dans le vin, et, que le vin ait été plâtré ou qu'il soit sans plâtre, l'analyse chimique ne démontre pas plus de sulfate de chaux dans l'un que dans l'autre. En effet, cela doit être, si les liquides sur lesquels on opère sont en bon état. (Voir Rapport Chancel, Bérard et Cauvy, à la Chambre de commerce de Montpellier.)

De deux choses l'une :

Ou le vin a perdu toute sa crême de tartre, et alors il est altéré ; dans ce cas, le plâtre ajouté se dissoudra simplement, selon les proportions voulues, et il se trouvera tel quel, comme on le reconnaît dans les eaux potables;

Ou, ce qui est le cas de la vendange et des vins en bon état, le vin contient la quantité normale de bitartrate de potasse (crême de tartre), et alors, en présence de ce dernier composé, *le plâtre ne peut pas exister*. La loi du plus fort, selon les milieux, est toujours vraie en chimie ; le plus faible est délogé de sa combinaison, et, au lieu de bitartrate de potasse et de sulfate de chaux, on obtient du tartrate de chaux insoluble, du sulfate de potasse et de l'acide tartrique *libre* qui restent dissous.

Donc, en ajoutant du plâtre, on en arrive à avoir de l'acide tartrique libre dans le vin, lequel en reçoit du brillant et de la vivacité pour sa couleur, ainsi qu'une plus grande stabilité générale. Où trouve-t-on ici l'intervention *seulement* mécanique? Où aperçoit-on l'action fâcheuse du plâtre *en nature ?*

Venons-en aux citations empruntées à un docteur œnologue innommé: » Certaines eaux, dit-il, contiennent du plâtre en nature», et elles sont mauvaises pour la santé. C'est admis. Mais le vin plâtré n'en contient pas en plus grande quantité que le vin non plâtré. En effet, dans leur rapport à la Chambre de commerce, MM. Bérard, Chancel et Cauvy, trouvèrent que, dans les trois vins en expérience, dont l'un n'avait pas été plâtré, l'autre avait reçu du plâtre chimiquement pur et le troisième du plâtre blanc de Lasalle, il y avait dans les poids correspondants de cendres — 2 gr. 048, 2 gr. 740 et 3 gr. 112 — la *même* quantité de chaux, 0 gr. 064 ; ce qui, en supposant que toute la chaux fût à l'état de sulfate, hypothèse vraisemblable, demanderait 1 gr. 94 d'acide sulfurique pour former par litre 2 gr. 004 de sulfate de chaux anhydre. Il ne faut donc plus dire qu'un vin plâtré est malfaisant parce qu'il contient de plus grandes proportions de sulfate de chaux que le vin non plâtré, puisque, à ce point de vue, il serait impossible de distinguer ces deux liquides avec le réactif le plus sensible. Par conséquent, l'autorité des passages signalés plus haut et la valeur du raisonnement qui les suit tombent devant les négations impartiales de l'analyse chimique.

Reste l'action du sulfate de potasse formé grâce à l'introduction du sel produit dans la nature par l'union de l'acide sulfurique et de la chaux. Plâtré au maximum, un vin qui contenait par litre 5 gr. 064 de crême de tartre (bitartrate de potasse) a contenu, après *quatre* jours de réaction de 40 gr. de plâtre par litre, 1 gr. 828 de sulfate de potasse, alors que le vin normal n'en avait que 0 gr. 260 (Rapport cité plus haut). Or, à ces doses, le sulfate de potasse est totalement dépourvu d'action nuisible, et, de plus, le tartrate de potasse comme le sulfate de potasse sont tous les deux de très-légers purgatifs et à énergie équivalente. A ce point de vue, il n'y a donc rien de changé.

Quant à la médecine, elle a renoncé au sulfate de potasse, parce qu'elle a trouvé ailleurs des purgatifs plus convenables, et nullement parce que son action était « malfaisante. »

Dans cette note, mon but est de montrer l'innocuité du plâtrage, au nom de l'analyse chimique et de la clinique médicale. Comme œnologue, j'ajouterai que plâtrer est une nécessité et une preuve de bonne agriculture. En effet, pourquoi laisser se déposer, en pure perte pour le vin, toute cette crême de tartre qui cristallise sur les parois des tonneaux, et que nous ferions mieux de faire passer dans le liquide, dont la conduite future se ressentirait avantageusement de la présence de celle-ci ?

J'appuie mon dire sur la science et sur la vérité. On ne se trompe pas, quand on a pour soi l'autorité de savants comme mon regretté maître, M. le professeur Bérard, doyen de la Faculté de médecine de Montpellier; M. le professeur Chancel, doyen de la Faculté des sciences; M. le professeur Cauvy, de l'École supérieure de pharmacie; l'expérience de praticiens comme MM. Marès, Vialla, Lutrand, etc., et l'appui de corps constitués comme la Société d'agriculture et la Chambre de commerce de Montpellier.

Il y a longtemps que le plâtrage est attaqué ; mais par qui et comment l'est-il ? Quelles analyses ou quelles expériences sérieuses et comparatives a-t-on faites pour en démontrer le danger ? Aucune. On n'apporte au débat que des affirmations purement gratuites.

Il est de toute notoriété que le commerce des vins emploie l'acide tartrique dans certains cas, et personne ne s'en plaint. Or de quel droit viendrait-on empêcher le producteur, dans son cellier, d'employer indirectement ce même acide tartrique en prenant pour intermédiaire le plâtre ?

Les objections que l'on nous oppose se formulent, d'une part, comme si le plâtre restait tel dans le vin, où il se dissoudrait simplement en gardant intacts, avec sa personnalité, ses bons ou mauvais effets; et de l'autre, comme si le sulfate de potasse, résultant de la réaction du plâtre sur la crême de tartre, était en quantité très-abondante et plus malfaisant que le tartrate de potasse normal dans le vin, etc., etc. Or tout cela est erroné, complétement erroné.

N'ayant voulu rappeler ici que l'intervention utile du plâtre en œnologie méridionale, mon rôle est fini.

OUTILLAGE VITICOLE

SÉCATEUR-VENDANGEUR UVOPHORE (PORTE-RAISINS)

Messager agricole — février 1874

Dans notre Revue de l'outillage viticole et vinicole au Concours régional de Toulon, en 1873, nous disions, dans le *Messager agricole* du 10 juillet : « Signalons également le ciseau qui retient le raisin coupé, dont l'emploi » devra être général, surtout dans les plaines, où l'on cultive des cépages » à bois tendre, et pour la vulgarisation duquel un abaissement de prix » est indispensable. Par l'emploi de la serpette ordinaire, quand la maturité est suffisante, surtout avec les terrets ou les aramons, l'ébranle» ment transmis à la grappe par le mouvement de section fait quel» quefois tomber des grains à terre en assez grande quantité ; en outre, » il faut les deux mains, tandis qu'avec le sécateur que j'appellerai » *uvophore*, le raisin reste suspendu dans les mâchoires de l'appareil sans » avoir subi de secousse ; il suffit que la main gauche aille le recevoir » pour le mettre dans le panier. De même que la grosse serpette a dis» paru pour la taille, quoique, en certains cas, son travail fût supérieur, » non en quantité mais en qualité, à celui du ciseau, la serpette à raisin » doit être abandonnée. Ce n'est qu'une affaire de temps, car je n'ose pas » dire de mode. N'en a-t-il pas été de même au début pour les ciseaux ? » N'a-t-on pas dû, pour habituer les ouvriers à leur emploi, les leur » fournir ? Or aujourd'hui aucun ne consentirait à se servir de la ser» pette, de la *poudadouire*. Il en sera de même pour la cueillette du » raisin. »

Pourquoi cette lenteur et cette hésitation à mieux faire ?

Il y a cependant plus de dix ans que nous avons dans notre collection des ciseaux à couper les raisins, dont les mâchoires rappellent celles des sécateurs ordinaires, et à l'extrémité des deux mancherons desquels il y a un anneau où passent les doigts. Leur prix est de 1 fr. à 1 fr. 50. Déjà, à notre avis, cet outil vaut mieux que la serpette, parce qu'il coupe le raisin sans l'ébranler. On conserve par conséquent la grappe tout entière ; les grains ne tombent pas à terre au pied de la souche et, par suite, on a plus *de quantité*.

Cette opération, dont l'exécution demande les deux mains comme avec la serpette, se répétant sur un grand nombre d'hectares, on voit l'avantage énorme, dans les années humides ou pluvieuses surtout, du ciseau à raisin sur ce dernier instrument, qui n'a pour lui qu'un bon marché trompeur. Que les vignerons songent à cela. Ce genre d'appareil pourrait se faire à ressort, de façon à ce qu'il reste toujours ouvert dans la main de l'opérateur, lequel, pour le tenir fermé, réunirait par un lien quelconque les deux bras de l'instrument.

Il est vrai de dire que l'on construit, non pas des ciseaux, mais des sécateurs de petit modèle se rapprochant du type ci-dessus ; mais ils sont généralement trop lourds et leur prix est trop élevé (3 à 4 fr.). Leur armature, devant vaincre la résistance de petites branches, est beaucoup trop forte et, par suite, trop pesante pour le cas actuel. La résistance de la queue du raisin est si faible qu'une force insensible est nécessaire sur les mancherons ; aussi se sont-ils peu ou pas répandus !

Mais, lorsqu'on songe que l'outil par nous demandé réunit les deux avantages suivants : de ne pas ébranler les raisins et, partant, de ne pas les égrener, alors que, de plus, il retient le fruit coupé entre ses mâchoires, on nous accordera qu'il est de beaucoup supérieur à tout ce qui se fait. On connaît depuis longtemps le cueille-fleur fabriqué d'après ce double résultat à atteindre; mais ce dernier est un objet de luxe et d'un prix supérieur à ce qu'il devrait être, si la pratique agricole l'acceptait. Or il suffira de faire un instrument léger d'armature, à mâchoires qui, rappelant celle des sécateurs, présenteront sur un de leurs points une encoche où sera retenu le fruit coupé et auxquelles il est inutile de donner une grande dimension, que l'on munira d'un ressort en arc ou en spirale, d'une faible tension pour qu'il ne fatigue pas la main, d'un fini moyen, sauf aux mâchoires, pour que nous ayons le type du bon sécateur-vendangeur. Jusqu'à aujourd'hui cette lacune n'a pas été vraiment comblée, et le *sécateur uvophore*, bien entendu, tel que la grande culture le demande, est encore à trouver.

Toutefois, récemment, nous avons reçu de M. David jeune, du Loiret, un sécateur-vendangeur du prix de 2 fr. C'est déjà un progrès comme bon marché ; mais il faudrait pouvoir livrer l'outil à 1 fr., ce qu'un grand débouché pourrait permettre, grâce à un outillage suffisant et perfectionné.

Cet appareil est à ressort, à arc, et pèse 120 grammes. Il pourrait être beaucoup plus léger sans inconvénient, à la condition spéciale qu'il ne serve que de cueille-raisin et non pour réséquer des ceps ou des branches. Sa longueur totale est de 18 centimètres. Les mâchoires ont 5 centimètres de long. Latéralement, sur une de celles-ci se trouve une serpette ordinaire, dont la partie rectiligne occupe les trois quarts de sa hauteur, alors que sur le dernier quart est comprise la portion courbe.

L'inventeur nous paraît avoir cédé là à l'usage, avec lequel il n'a pas voulu rompre, vu que cette dernière nous paraît complétement inutile ;

car, là où passera la serpette, marchera le sécateur, et inversement ; en outre, elle rend l'instrument dangereux à manier et, dans tous les cas, incommode à porter. Enfin nous demanderons que le fabricant le transforme en *uvophore,* c'est-à-dire le munisse de cette encoche qui retient le raisin coupé.

Si M. David écoute les observations que nous nous permettons de lui faire, nous pouvons affirmer que son sécateur aura du succès.

En résumé, voici les avantages du sécateur *uvophore,* tel que nous le comprenons :

1° Rapidité dans la manœuvre : une seule main suffit.

2° Suppression de l'ébranlement de la grappe. — Les raisins ne perdant plus de grains, la quantité de vendange apportée à la cuve est plus grande. Cet avantage pour les pays méridionaux se remarque surtout dans les années humides, et avec les cépages tels que l'aramon ou les terrets ; mais il est plus important quand il s'agit de liquides de choix et de haute valeur.

3° Dans les régions à vins délicats, la Gironde, la Bourgogne, et dans le Midi pour les muscats, etc., s'il y a des grains gâtés, crevés, etc., on les enlève facilement et vite.

Si, dans une année chaude, il y a du *grillé,* on peut également l'en retirer. Ce sont là des soins importants que, dans la production des vins communs, il est inutile de prendre, et que même, vu les quantités à récolter, on ne pourrait exécuter, tandis qu'ils sont obligatoires dans certaines fabrications.

Il faut donc souhaiter que M. David jeune et les autres constructeurs, prenant en considération les remarques précédentes, nous donnent un instrument qui remplisse les conditions nécessaires. Déjà le premier industriel s'est approché du but à atteindre. Il nous permettra d'espérer de voir d'ici à peu de temps l'outil parfait sortir de ses mains habiles. Si le service à nous rendre est grand, nous savons aussi que l'instruction professionnelle est trop perfectionnée pour que nous attendions beaucoup avant d'assister à la réalisation de nos désirs.

L'OUTILLAGE AU CONCOURS RÉGIONAL DE NICE

(*Messager agricole* — Mai 1874.)

I. — Instruments de viticulture et de vinification

A. — Viticulture

Nice, la patrie des belles fleurs, était, cette année, le siége du Concours régional à la circonscription duquel appartiennent les départements des Alpes-Maritimes, de l'Aude, de l'Hérault, du Gard, des Bouches-du-Rhône, du Var, de Vaucluse et des Pyrénées-Orientales. Quoique, dans cette contrée, l'agriculture proprement dite fasse place à certaines cultures spéciales ou industrielles, telles que celles de l'oranger ou des plantes à odeur, il y avait lieu d'espérer que le voisinage de l'Italie d'un côté, et, de l'autre, l'intérêt permanent pour les constructeurs de se faire connaître en venant apporter leurs instruments, auraient amené un nombre croissant de machines.

Nous devons regretter que l'empressement remarqué l'année dernière, à Toulon, n'ait pas continué en 1874. L'éloignement du chef-lieu du département des Alpes-Maritimes a été, dit-on, la cause de l'absence de certains bons fabricants; mais ils ont eu très-grand tort, vu que c'est là où les instruments sont faits d'après des types anciens et vicieux; que c'est dans les pays où la culture intercalaire règne en maîtresse, qu'il fallait apporter de meilleurs outils pour contribuer au renversement d'un vice cultural des plus fâcheux pour le sol, pour le produit et pour le propriétaire. Espérons qu'en Vaucluse, en 1875, dans ces régions fertiles et jadis privilégiées, les exposants de machines prendront une revanche qu'ils nous doivent et concourront, pour leur part, à tâcher de relever la fortune d'un territoire menacé dans ses deux plus belles industries, la vigne et la garance; l'une presque détrônée par l'alizarine artificielle, l'autre anéantie par le phylloxera.

Les instruments de viticulture n'étaient pas nombreux, et, à part ceux de Raymond, de Garons (Gard); Daujat, de Lyon, et Primat, de Bordeaux, ils étaient tous fournis par les constructeurs bourguignons, ce pays des bons fabricants par excellence, en y joignant toutefois le Centre, par MM. Pellet, de Gurgy (Yonne), et Mengniot, de Dijon (Côte-d'Or). Pourquoi les Messager, d'Auxerre; Plissonnier, de Loisly (Saône-et-Loire); Renault-Gouin, de Sainte-Maure (Indre-et-Loire), manquaient-ils à l'appel, le premier surtout, avec ses organes actifs allant fouiller la terre très-près du corps de la souche, grâce à une ingénieuse courbure imprimée à leurs attaches sur le bâtis?

Les essais auxquels le jury s'est livré ont été singulièrement contrariés par la pluie, qui n'a cessé de tomber pendant les trois premiers jours du Concours; ils ont été faits dans de mauvaises conditions d'exécution, et le travail produit devait nécessairement s'en ressentir profondément. Dans la section des charrues vigneronnes, le PREMIER PRIX est échu à M. Pellet, et le SECOND à M. Meugniot. Quant aux bineuses pour la culture de la vigne, la Commission réservait le PREMIER PRIX et décernait la MÉDAILLE D'ARGENT à M. Meugniot, pour sa houe vigneronne, et celle de BRONZE à M. Pellet, pour sa charrue-bineuse-houe-extirpateur, pendant que M. Daujat recevait une MENTION HONORABLE pour sa bineuse-sarcleuse-herse.

Dans les expériences faites dans les champs, il est une condition essentielle de laquelle, dans les Concours régionaux, on ne tient pas un compte suffisant : je veux parler de la continuité du travail et de la force dépensée. Pour que le verdict d'un jury soit infaillible ou s'approche le plus possible de la vérité, il faut absolument que les raisons du jugement soient données. Or qui ne voit que, tels qu'ils sont institués aujourd'hui, les essais se font au juger, quel que soit le soin pris par la Commission d'examen pour les apprécier. Ainsi, relativement à la continuité, on voit tout de suite qu'il est nécessaire que l'instrument ne lasse ni trop, ni vite, soit l'animal qui le tire, soit l'homme qui le guide; on s'aperçoit que tel défaut, tel accident qui ne survient pas après voir labouré trois sillons, se manifeste plus tard. Combien de fois n'avons-nous pas vu des ouvriers refuser d'employer un meilleur instrument que le précédent, uniquement parce qu'il fatiguait trop la main de leur conducteur? Et, pour la vigne, telle charrue ne froissera pas au début les ceps, qui, par la suite, *vendangera* plus ou moins, selon le degré d'attention de l'ouvrier, lequel bien souvent se borne à suivre la charrue, si tant est qu'il ne se fasse pas tirer par elle. Aussi, pour formuler notre désir, nous demandons :

1° — Qu'au lieu d'accorder trois jours pour l'examen des instruments, le Jury puisse employer toute la semaine, s'il le croit nécessaire;

2° — Que les instruments d'extérieur travaillent *effectivement* au moins une demi-journée, comme s'ils appartenaient à un propriétaire;

3° — Que la puissance de traction des animaux soit prise au dynamomètre;

4° — Que la force nécessaire pour faire marcher les appareils en travail soit également mesurée.

On aura ainsi des éléments certains de jugement, et, dans la liste des prix, on pourra lire dans les tableaux spéciaux les chiffres donnant l'ensemble des divers résultats à l'aide desquels le jury a formulé son jugement. On nous opposera certainement la difficulté de trouver des gens compétents et bénévoles pour s'astreindre à des expériences mathématiques; mais nous répondrons avec le passé qu'en 1873, à Langres, à Grignon et à Brizay, on a eu MM. Barral, Tresca, Grandvoinnet, Goussard de Mayolles, tous hommes à autorité incontestée, etc., et que, par conséquent, ailleurs on utilisera les ingénieurs des ponts et chaussées, les directeurs des Écoles des arts et métiers, etc., etc. Il suffit de vouloir et de commencer. De cette manière, tel fabricant verra que son versoir demande à être différemment courbé, que les tiges de ses socs ou de ses triangles de houe doivent être coudés plus ou moins haut, afin d'éviter la résistance de la terre, dans laquelle elles ne doivent prendre que le moins possible, ou de briser les bourgeons et les ceps, si elles s'en rapprochent trop. A cet égard encore, nous verrions décider, dans une expérience assez continue, si cette habitude des constructeurs étrangers à la région, qui persistent à faire tirer leurs charrues, etc., avec des palonniers, doit être désormais adoptée ou rejetée dans nos pays, où l'on préfère les tiges raides qui ne risquent pas d'endommager les ceps.

Nous voudrions également, pour ce qui regarde la vigne, que les essais fussent faits au moment voulu et à plusieurs reprises, de manière à pouvoir juger les machines dans les diverses *façons* qui s'exécutent jusqu'à la fin juin. Assurément, un Concours entrepris de cette manière par une Société d'agriculture du Midi, à laquelle le gouvernement déléguerait tous ses pouvoirs, serait une chose très-désirable. Ainsi, pourquoi ne ferait-on pas, pour nous, ce qu'en 1873 on a fait au Concours de Versailles, dans lequel le travail des moissonneuses fut ajourné à l'époque de la récolte, et ce qu'on va faire encore en 1874 à Châteauroux, en retardant l'essai des mêmes machines, qui se fera à la colonie de Mettray? Qu'en 1875 le Concours de tous les instruments viticoles se fasse en Vaucluse, sous la direction de l'État, et qu'il commence à l'époque des premiers travaux faits dans les vignes, se continue à la deuxième et à la troisième *façon*, période de l'année où les pampres sont assez gros et assez longs pour que le bien et le mal de l'opération soit nettement appréciés! Que deux essais de ce genre soient exécutés en deux ans, dans deux départements viticoles, et nous verrons bientôt de grands progrès introduits dans l'outillage, tant de la part des propriétaires, plus vite convaincus, que de celle des constructeurs, mieux avisés!

Enfin nous exprimons le désir que l'État alloue chaque année, aux diverses Sociétés de la région, une faible somme destinée au meilleur fabricant local, pour qu'il puisse aller, sans rien débourser personnellement, assister aux Concours régionaux, et voir s'il n'aurait pas quelque chose à prendre dans les divers outils qu'il verrait. Peu curieux de leur nature, reculant devant des dépenses qu'ils regardent comme inutiles, nos artistes ne se déplacent pas, et cependant il est essentiel pour tous qu'ils examinent ce que font leurs confrères des autres pays. S'ils y sont intéressés, nous le sommes plus qu'eux, et voilà pourquoi nous serions heureux de rencontrer dans ces utiles exhibitions des représentants autorisés des corps de métiers agricoles. Espérons que nos souhaits seront entendus !

Quant aux instruments propres à la taille de la vigne, rien à signaler. Trois constructeurs avaient annoncé leurs ciseaux ; deux seulement ont répondu à l'appel, et leurs produits laissaient à désirer. Ainsi, l'un d'eux donne à la lame tranchante une trop grande étendue, ce qui rend l'instrument fort dangereux à manier.

Une MÉDAILLE D'ARGENT a été accordée à M. Nogaret, de Nîmes (Gard).

M. Cros, de Béziers (Hérault), dont nous avions remarqué la bonne fabrication à Toulon, en 1873, a dû arriver en retard, car nous n'avons rien vu de lui que son classement au catalogue.

B. — Vinification

Les fouloirs, d'après le nombre de demandes adressées au Ministère, auraient dû être fournis par trois constructeurs; deux seulement étaient présents.

Nous ne dirons rien des fouloirs de M. Coq, dont les cylindres cannelés sont en bois et trop petits.

Quant à M. Mabille, d'Amboise, il avait deux instruments : l'un, décrit par nous l'an dernier, est exécuté d'après le système ancien usité dans le Centre, à cylindres en fonte, cannelés tous deux parallèlement à leur grand axe, haut perchés sur jambes, et dont l'emploi doit être proscrit dans le Midi ; l'autre, au contraire, prouvait que cet habile constructeur met à profit ce qu'il voit, et, à cet égard, dans le Concours expérimental de Narbonne et à l'Exposition de Lyon, en 1872, il a pu apprécier un excellent type de fouloir, fabriqué par M. Castie-Talma, de Lézignan (Aude), à la parfaite organisation duquel l'appareil exposé à Nice avait emprunté toutes ses précieuses qualités. Nous félicitons sincèrement ce constructeur de s'être approprié la fabrication d'une bonne machine, et nous l'engageons à renoncer à son ancien type ou, du moins, à le modifier de façon à ce qu'il bénéficie des heureuses innovations du nouveau. Qu'il fasse en hélice les rainures du cylindre antérieur, qu'il diminue la hauteur du bâtis, et, de cette façon, la vendange sera mieux et plus régulièrement mordue ou écrasée, alors que les ouvriers auront moins de peine à élever la tinette ou la comporte à la hauteur de la trémie supérieure, dans laquelle ils doivent verser le contenu de celle-ci.

Sans compter le constructeur de l'Aude précité, pourquoi M. Bureau, de Puisserguier (Hérault), persiste-t-il, depuis 1867, à ne plus montrer ses excellents fouloirs, auxquels, le premier dans le Midi, il a apporté les plus grands perfectionnements? Pourquoi tous les autres fabricants des arrondissements de Carcassonne, Narbonne, etc., qui, presque dans tous les cantons, fabriquent de pareils instruments, ne viennent-ils pas montrer leur savoir-faire, alors qu'ils laissent à des industriels du Centre le soin de nous apporter des machines dont notre pays a plus de besoin que le leur? Que d'argent resterait dans notre région, si nos regrets étaient entendus par les intéressés, alors qu'il va enrichir leurs rivaux éloignés!

Le Jury, en vertu de l'article 16, a décerné une MÉDAILLE D'ARGENT au fouloir de M. Mabille, coté 200 fr.

Les pompes étaient dues à six constructeurs: MM. Beaume, à Boulogne-sur-Seine; Lefebvre, à Trie-Château (Oise); Coq, à Aix-en-Provence; Eldin, à Lyon, rue Bourbon (Rhône); Vantelot-Béranger, à Beaune (Côte-d'Or), et Noël, à Paris, rue d'Angoulême, 60.

L'instrument de M. Lefebvre était une pompe rotative à quatre palettes intérieures en cuivre. Si le vin n'est pas fouetté par un semblable appareil, qu'il traverse sans être cassé par ses soupapes, on doit craindre que, pour les liquides troubles ou lors des décuvaisons, des parcelles de grappe, des graines, des cristaux de tartre, etc., ne viennent arrêter le jeu des palettes-propulseurs du liquide, en supposant même que ces corps solides ne rayent pas le pourtour intérieur de la partie interne vide, contre laquelle frottent les quatre petites vannes, ce qui diminuerait l'effet utile de la pompe et compromettrait rapidement son intégrité.—Pour les eaux-de-vie, pour les vins déjà plusieurs fois soutirés, en un mot pour les liquides limpides et très-clairs, les instruments rotatifs peuvent être de mise; mais l'expérience n'a pas encore suffisamment affirmé qu'ils étaient durables, et nous ne saurions les conseiller qu'avec toutes les réserves formulées ci-dessus. — Dans le cas de M. Lefebvre, le jet de la pompe était brisé, irrégulier, ce qui est un grand défaut.

M. Coq exposait les instruments analysés par nous dans ce journal l'an dernier. Il n'a pu figurer dans les expériences dont on trouvera le tableau plus bas, vu que son instrument n'avait pas une longueur suffisante de tuyaux d'aspiration et de refoulement. Par ce seul fait, il a dû être mis hors concours. Ce sera pour ce constructeur, comme pour tous les autres, un avertissement que désormais les machines, si elles sont toujours examinées avec soin par le Jury quand elles sont au repos et démontées, seront également jugées par leur propre travail. Ce mode de faire est excellent, car quelquefois, dans le fonctionnement suffisamment continué d'un appareil, se révèlent des qualités ou des défauts non aperçus auparavant.

Dans les pompes toutes en fonte de M. Eldin, nous retrouvions des cylindres et des réservoirs d'air totalement émaillés. Ses soupapes sont des boulets en cuivre, dont la course est limitée par deux légères brides métalliques en cuivre, posées en croix. La visite se fait très-facilement, car il suffit de dévisser quatre boulons, qui permettent d'enlever le réservoir d'air et laissent à nu les soupapes. Le cylindre est couché horizontalement, et le piston est mû par un levier vertical dont le point d'attache est situé en dessous de la tige du piston, ce qui fait que la résistance est placée entre le point d'appui et la puissance. La fabrication de ce constructeur est bonne, mais ses instruments sont durs à manœuvrer. Tant à Toulon qu'à Nice, nous avons fait la même remarque. Il y a de ce côté quelque chose à perfectionner, et nous espérons que l'industriel lyonnais prendra bonne note de nos impartiales observations. — Signalons toutefois que le jet de l'instrument essayé était très-régulier, très-continu ; le liquide coulait uniformément, sans saccades, sans être mêlé à l'air, condition à rechercher quand il s'agit de vins ou d'alcools.

M. Vantelot-Béranger avait ses deux types d'instruments tout en fonte, à levier horizontal, avec contre-poids, et à volant. Tous deux sont à réservoir d'air et ont le même système de piston en fonte, dans lequel est encastré un segment métallique en cuivre, faisant ressort contre les parois du cylindre, sur lesquelles il frotte en amenant l'étanchéité.

Le mouvement du volant, dans la pompe à manivelle rotative, se transmet au piston par deux roues dentées; celle du volant ayant 17 dents et celle qui actionne la tige du piston en ayant 41, elles se trouvent donc dans le rapport de 2,4 à 1.

Ces instruments sont assez doux à manier et ont été modifiés par leur constructeur depuis octobre 1872, où ils furent reconnus fatigants pour les ouvriers. — Le jet était très-régulier; la colonne de liquide était pleine, pas d'air entraîné; ce que nous approuvons très-fort et dont le vin se trouvera fort bien.

Les pompes de M. Noël, toutes avec réservoir d'air, sont, les unes entièrement en fonte, les autres avec leur cylindre seul en cuivre. Les soupapes-boulets, en caoutchouc lesté au centre par du plomb, sont retenues par deux griffes en croix, en fer étamé, qui en limitent la course. Elles sont, soit à levier horizontal pour un ou pour deux hommes, soit à levier vertical; par suite, les corps de pompe sont verticaux ou couchés sur une brouette en fer. Le débit de l'instrument essayé est considérable; mais l'appareil est rude à manœuvrer et il n'est pas probable que, dans nos celliers du Midi, un seul homme, même avec un relai, voulût la faire marcher quotidiennement. — Le jet du liquide aspiré a été très-irrégulier, jamais continu ; mêlée d'air, l'eau se trouvait saturée de germes atmosphériques, et, avec du vin ou de l'alcool, ce sont des inconvénients à redouter.

M. Noël, qui est un très-habile constructeur, se sera certainement aperçu comme nous de ces défauts et y remédiera fructueusement.

Dans notre analyse du Concours de Toulon, nous disions, en 1875 (p. 204 du *Messager agricole*) : « Enfin il y aurait aussi à examiner le rôle que pourrait ou que devrait jouer l'étain, comme couche protectrice de tout ce qui a le contact de liquides acides. » Notre souhait a été entendu, et M. Noël avait sa pompe totalement en fonte étamée *intus* et *extrà*. L'appareil fini avait été plongé dans un bain d'étain. Celui-ci sur la fonte, tiendra-t-il ? Durera-t-il ? A l'expérience de répondre ; mais nous sommes heureux ici de pouvoir remercier le constructeur messin, fixé désormais à Paris, pour le progrès apporté à la fabrication des pompes en fonte. Toutefois, métal pour métal, nous préférons le cuivre jaune, moins attaqué par le vin que le fer, et qui, par le peu qui s'en dissout dans le vin, ne donne pas les composés à goût d'encre (tannate de fer, etc.), ainsi que le produit la fonte.

Il est à désirer que M. Vantelot-Béranger, de son côté, fasse des recherches quant aux revêtements d'étain, et, avec l'appui de ces deux fabricants, nous serons bientôt fixés.

Voir le tableau des expériences faites par le jury, p. 40.

Relativement aux essais des pompes, nous nous permettrons une légère critique.

Pour monter un même volume d'eau déterminé à une hauteur identique, il faut un même travail utile, la même dépense de force, quelle que soit la machine et quel qu'en soit le moteur. Mais une condition essentielle est, pour le temps de l'opération, la répartition de cette dépense de force vis-à-vis du moteur, surtout s'il est animé. En effet, on sait qu'une machine, pour passer de l'état de repos à l'état de travail, et pour se maintenir en mouvement, consomme une certaine quantité de force. Or supposons que, en plus de celle-ci, un homme puisse développer une puissance capable d'élever à 4 mètres de hauteur 212 kilos de liquide, c'est-à-dire qu'il fasse un travail égal à 848 unités dynamiques ou à 848 kilogrammètres dans un temps suffisant ($212 \times 4 = 848$), et qu'il continue toute la journée dans les mêmes conditions, chose indispensable en agriculture ; si, en lui demandant la même dépense de force, on lui diminue le temps consacré à la fournir, il pourra marcher encore, mais il s'arrêtera bientôt pour prendre haleine, et, par suite, il perdra au repos le bénéfice acquis par la marche. Les muscles peuvent développer *d'une manière suivie* un travail dynamique fixe, quoique variable pour chaque individu; mais, si l'on en exige une plus grande somme, ils se fatiguent plus vite et ne répondent pas à l'appel qui leur est fait, et forcément ils s'arrêtent.

Dans l'essai des pompes, le Jury a bien calculé indirectement, dans la seconde expérience, la force du moteur, puisque l'on a pris le même

POMPES A VIN

TABLEAU DES EXPÉRIENCES FAITES PAR LE JURY

NUMÉRO DE LA MACHINE	NOM ET DOMICILE de L'EXPOSANT	1re EXPÉRIENCE		2me EXPÉRIENCE				PRIX de la Machine	OBSERVATIONS
		Durée de l'élévation de 212 litres d'eau à 4 mètres	Travail produit en kilogrammètres par seconde	Durée de l'élévation de 119 litres d'eau à 4 mètres	Travail produit en kilogrammètres par seconde	Nombre de coups de piston	Tours de volant		
		Secondes		Secondes				Francs	
155	**Noël**, à Paris, rue d'Angoulême, 60..	140	6.1	85	5.6	49	»	150	Pompe à levier horizontal sur brouette en fer. Soupapes-boulets en caoutchouc, fonte étamée. Piston à double calotte en cuir.
261	**Vantelot-Béranger** à Beaune (Côte-d'Or)...	154	5.5	100	4.8	53	»	150	Pompe à levier horizontal sur brouette en fer. Piston métallique à segments circulaires en cuivre. Soupapes en cuivre sur tourillons.
259	**Vantelot-Béranger** *idem*..........	165	5.1	103	4.6	51	120	240	Pompe à volant. Le piston reçoit le mouvement par deux roues dentées. Même structure du piston que la précédente.
98	**Lefebvre**, à Trie-Château (Oise)...	178	4.7	115	4.1	»	144	140	Pompe rotative à quatre palettes intérieures en cuivre.
72	**Eldin**, à Lyon, rue Bourbon.........	330	2.6	120	3.9	82	»	160	Pompe à levier vertical sur brouette très-basse. Corps de pompe émaillé à l'intérieur. Soupapes-boulets en cuivre. Piston à double calotte en cuir.

N. B.— Les pompes avaient deux mètres d'aspiration et deux mètres de refoulement. Dans la première expérience, chaque pompe était manœuvrée par un homme fourni par l'exposant. Dans la seconde, elles ont été toutes mises en jeu par le même homme, choisi par la Commission. Toutes les pesées ont été faites avec les bascules de M. Sagnier, de Montpellier (Hérault).

homme pour toutes ; mais nous aurions voulu connaître à chaque fois la valeur dynamique de l'ouvrier, qui évidemment était plus fatigué à la cinquième pompe qu'à la première.

Enfin, vis-à-vis de la répartition de la peine à prendre à chaque coup de piston, il aurait fallu tenir compte, dans les tableaux, de la *surface du piston* et de *sa course*, ainsi que des diamètres des orifices d'aspiration et de refoulement. Pour ceux-ci, une plus faible lumière augmente la vitesse du passage du liquide, ainsi que les frottements, et par suite consomme plus de force. D'autre part, il y avait des cylindres ayant de 9 à 12 centimètres de diamètre ; on comprend donc que si, pour monter les 212 litres de liquide à 4 mètres de haut, le moteur avait à dépenser le même nombre de kilogrammètres, il est évident aussi que, avec l'instrument ayant 12 cent. de diamètre, il fallait un nombre moins considérable de coups de piston, et que, par conséquent, chaque coup de piston demandait un travail dynamique plus grand. Or c'est là l'important dans un cellier ; il faut absolument que la force soit demandée au moteur-homme, *dans une mesure justement répartie ;* sinon il faudra des relais, ce qu'on ne peut généralement faire. Nous sommes convaincu que, si l'on eût inscrit toutes les données que nous signalons ici, on aurait eu des résultats plus certains, plus irréprochables, et auxquels les agriculteurs auraient eu une confiance plus grande. Dans le cas actuel, on aurait vu que, par coups de piston,

MM. Noël aspirait.................... 2 lit. 43
Vantelot-Béranger.......... ..... 2 lit. 246 ou 2 litres 333
Eldin......................... 1 lit. 451
et que, par tour de roue, M. Lefebvre montait. 0 litre 826.

Ces chiffres, rapprochés des données du tableau et des observations faites pendant les essais, fournissent un enseignement fort intéressant, puisqu'ils font voir que, tantôt c'est au volume d'eau trop grand aspiré par coup de piston qu'il faut attribuer la dépense de force exagérée qu'il est nécessaire de fournir à l'instrument, tantôt au mode de fabrication adopté, alors qu'un troisième appareil, un peu inférieur comme rendement, utilisera plus complétement les forces du moteur sans lui en demander en excès, ce qui lui permettra d'aller longtemps.

Un autre élément important serait de faire marcher les instruments au moins une demi-heure, de manière à les mettre dans les conditions ordinaires de marche où ils se trouveront plus tard. Leur fonctionnement, quant à la fatigue à prendre, serait plus sûrement apprécié, et les propriétaires qui en sont les futurs acquéreurs éprouveraient plus rarement des mécomptes, et retireraient toujours de plus grands avantages des décisions formulées. Nous savons bien que le temps des expériences est fort limité ; mais, quand il s'agit d'indiquer au public quelles sont les bonnes machines, il faut prendre et donner aux juges tout le temps nécessaire, et il serait préférable que les lauréats fussent connus quarante-huit heures plus tard, pourvu que les diverses expériences faites missent en pleine lumière toutes les raisons qui ont motivé le jugement. A notre avis, il s'agit moins ici d'arriver à l'heure que de faire bien, ou, du moins, mieux qu'autrefois.

Cinq fabricants avaient envoyé leurs pressoirs; ce sont : MM. Mabille, d'Amboise (Indre-et-Loire); Coq, d'Aix-en-Provence (Bouches-du-Rhône); Samain, de Blois (Loir-et-Cher); Primat, de Bordeaux (Gironde); Chollet-Champion, de Bléré (Indre-et-Loire).

L'usine d'Amboise avait adressé plusieurs modèles de son type unique, dit à levier universel, appliqué à des instruments munis de claies circulaires et de drainages : inférieur sur la maie, médian dans la masse à comprimer et supérieur sous le manteau. Les ayant décrits ici déjà, nous passons outre.

Un d'eux toutefois avait une claie carrée, dont chaque fragment était réuni à son voisin de droite par deux fortes brides oscillant sur un axe vertical porté sur le fragment de gauche, et qui venait les resserrer par sa bague, l'un contre l'autre, en butant en haut et en bas contre une saillie, contre une sorte de tête des madriers supérieur et inférieur, sur lesquels étaient cloués les liteaux de la claie. Il en était de même du madrier intermédiaire.

L'expérience nous a démontré que les claies carrées les plus résistantes sont arquées au milieu de leurs parois pendant et par la compression; qu'une partie plus ou moins grande du marc fait alors hernie au dehors et au-dessus du manteau et échappe à l'expression; en outre, la durée en est bien plus compromise. — Les claies circulaires, si commodes pour charger le pressoir et avec lesquelles on met en œuvre une plus grande quantité de marc, sont de beaucoup préférables.

Enfin la charge de cet appareil était pliante. Une partie restait adhérente à l'*estaudet*, et, de chaque côté, à l'aide de charnières, se relevait une portion fixée et arrêtée en l'air au bâtis par de forts crochets. Cette modification ne nous paraît très-heureuse que dans les pressoirs sans claie, où on a plus de large pour les remplir de marc. Quand il y a une claie, l'espace entre celle-ci et la charge pliante fixe est assez restreint pour gêner un peu cette manœuvre et, par suite, en rendre la durée plus longue, ce qu'il faut éviter. Aussi approuvons-nous très-fort l'emploi d'estaudets accouplés, mobiles, qu'on enlève à chaque fois de façon à laisser libre, après avoir relevé suffisamment le bâtis de l'appareil compresseur, tout l'espace circonscrit par la maie.

N'oublions pas non plus de mentionner un emploi très-intelligent d'un drainage sous toutes ses faces ; botte au contre de la vis, *litelage* sur le fond de la maie, *litelage* sous la charge et *litelage médian*. Ce dernier serait excellent, mais il est fort difficile à bien installer. Avec le son mouillé qui a servi aux expériences, toute la surface s'est laissé comprimer uniformément, et le litelage en bois, formé de deux parties demi-circulaires avec échancrure pour laisser passer la vis, est descendu également des deux côtés. Avec du marc, il n'en eût rien été certainement; car, dans des expériences publiées en 1868, nous avons relaté l'incurvation et même la rupture de tubes en fer percés de trous que nous avions insinués horizontalement dans la masse à comprimer. Néanmoins l'expérimentation a prouvé que ce drainage médian était très-utile; il est seulement à désirer que l'industrie nous fournisse un moyen pratique et durable pour son emploi.

Ce rapide aperçu montre combien l'usine d'Amboise a compris ce qui était nécessaire à nos exploitations vinicoles du Midi.

Le pressoir de M. Coq, sur chariot, est actionné par un volant faisant marcher un ensemble d'engrenages dont la grande roue motrice se trouve située sous la maie. Ce modèle, très-petit, avait une claie circulaire d'un diamètre restreint et a donné d'assez bons résultats; mais il faut se rappeler que, plus le tas à comprimer a un rayon étendu, plus le liquide a de la peine à gagner la circonférence; et certainement, si cet appareil avait fonctionné en regard d'instruments plus grands et de la claie desquels la sienne aurait eu le diamètre, il aurait eu un rendement inférieur et sa compression eût été relativement moins efficace. Du reste sa fabrication, son agencement et le fini de ses organes, nous ont paru laisser bien à désirer.

A ce point de vue, lorsqu'on fera des expériences pareilles, nous demandons qu'on fasse concourir entre eux, plus spécialement, des pressoirs dont la vis *aura le même pas et le même diamètre*, ou à très-peu près, *et dont la claie et par conséquent le tas de marc à comprimer* auront la même largeur et, autant que possible, la même hauteur; enfin, si au dynamomètre on tient compte de la force des ouvriers employés, on se rapprochera de cette certitude difficile à acquérir, mais à laquelle on ne peut arriver qu'en rapportant tous les résultats obtenus *à l'unité de surface, à l'unité de temps* et *à l'unité de force*.

Pour cela, il suffirait dans le programme annuel de prévenir à l'avance les concurrents. De cette manière, les divers appareils seront jugés aussi comparativement que faire se peut; et les propriétaires, se basant sur les résultats acquis avec les machines d'une grandeur et d'une puissance déterminées, quand ils achèteront des instruments plus grands, feront des calculs également proportionnels à ceux-ci.

M. Samain, dont plusieurs fois nous avons décrit les *appareils à genoux avec dynamomètre-arrêt et sommier supérieur fixe*, ou *avec écrous libres et à course illimitée*, avait cette année muni ses instruments d'un dynamomètre extérieur à cadran, indiquant à chaque instant la pression obtenue. Si l'agencement du mécanisme est solide, si l'artifice à l'aide duquel la pression subie par le marc se transmet au moteur de l'aiguille extérieure est permanent, M. Samain aura rendu un très-grand service à l'agriculture. On conçoit, en effet, qu'il suffira de voir, au moment où la pressurée est censé finie, si l'aiguille marque le degré de pression convenu et si elle y reste *fixe,* pour que l'on ait réellement la certitude que la matière est bien comprimée.

Les instruments à écrous libres ont été grandement modifiés. Lorsque, pendant la pression, sous l'influence de la vis horizontale qui les pousse à gauche pendant qu'elle les attire à droite de la vis centrale verticale, les genoux tendent à se redresser, si d'un côté le marc cède davantage ou plus vite, les bielles correspondantes forcent moins et on court le risque de fausser la vis. M. Samain a obvié à cela en mettant deux vis horizontales actionnant mutuellement et simultanément, par deux petites roues dentées, les genoux accouplés du losange, qui ne peuvent plus descendre l'un sans l'autre; la masse du sommier inférieur descend tout d'un bloc, et les huit pièces du losange tendent à reprendre la verticale d'une manière lente, continue et toutes ensemble.

Le même constructeur exposait un pressoir à levier oscillant et à encliquetage. Deux hommes, un de chaque côté de la vis, soulèvent alternativement une barre de fer qui, par une douille, met en mouvement un étrier ayant son axe horizontal mobile autour de coussinets portés latéralement sur deux consoles en forme d'U, et reliées ainsi au sommier inférieur de l'écrou. Cet axe transmet le mouvement à deux clavettes biseautées, dont celle de gauche, pendant que celle de droite se relève, pousse un plateau circulaire, inférieur, muni de trous dans lesquels elles entrent et sortent alternativement pour faire tourner cette couronne, qui entraîne l'écrou à elle lié, le fait descendre et comprime ainsi le marc. Dans une seconde manœuvre à direction opposée, le fonctionnement des clavettes est renversé, et celle qui amenait la rotation du plateau devient inactive, pour reprendre dans un troisième temps son rôle propulseur.

Cette organisation nous paraît vicieuse; car, s'il est avantageux pour les hommes d'agir sans se déplacer, il ne faut pas cependant qu'ils aillent chercher trop haut le levier à abaisser, pas plus qu'il n'est bon de leur faire appliquer leur force de bas en haut. Du reste, aux essais, deux ouvriers ont eu beaucoup de difficulté à manœuvrer. Assurément le levier horizontal nous paraît préférable, ne serait-ce qu'après avoir comparé la peine prise par les hommes mis aux divers systèmes de pressoir que nous avons vus fonctionner. Prochainement nous aurons mieux, il faut l'espérer, car M. Samain est un chercheur dont la fabrication est irréprochable et les pressoirs à genoux très-puissants.

Ce dernier constructeur a fait manœuvrer trois appareils: le plus petit a parfaitement marché; le moyen aurait certainement eu un très-bon résultat, s'il n'eût pas été volontairement arrêté par le fabricant après *neuf* minutes; quant au dernier, à levier oscillant, quoiqu'il ait été classé *quatrième* comme rendement, il ne saurait être conseillé aux agriculteurs, du moins tel qu'il était à Nice. Nous y reviendrons plus tard, car nous sommes persuadé que M. Samain n'en restera pas là.

M. Primat exposait son appareil, que nous avions vu à Toulon, à levier vertical, avec roue à rochet, manœuvrant un pignon qui, à son tour, actionne une roue dentée motrice, laquelle abaisse l'écrou. Simple comme structure, d'un fini suffisant pour les chais, ce pressoir se conduit bien. Toutefois, lorsque l'appareil est monté sur maie, les ouvriers doivent éprouver une certaine difficulté à abaisser le levier moteur.

L'instrument essayé n'avait pas de maie étanche, et celle-ci portait presque sur le sol; le marc reposait sur de forts plateaux, laissant entre eux un certain vide par où passe le liquide, qui s'écoule alors dans un réservoir situé au-dessous. De cette façon, les ouvriers appliquent heureusement leur puissance à la barre; mais il en serait tout autrement si l'appareil était disposé sur une maie plus ou moins élevée, d'autant que le levier est assez long pour que, si l'on veut utiliser toute sa puissance, l'homme ne puisse le manœuvrer en se mettant sur la maie. Il faut donc qu'il se pose sur le sol, et, par suite, il doit manœuvrer à petits coups et ne prendre qu'une ou deux dents pour ne pas trop élever la barre motrice, qui lui échapperait, au moins par son extrémité, point à préférer pour l'application de la force et le plus énergique pour l'utiliser.

M. Chollet-Champion, avec son pressoir à encliquetage universel, à double levier et à secteur, se rapprochait singulièrement de l'appareil de M. Mabille. Les clavettes, symétriquement biseautées, sont mises en jeu par deux secteurs traversés à l'une de leurs extrémités par la vis, et sont libres de l'autre bout, qui porte, chez l'un, le plus court, des dents saillantes, et chez l'autre, le plus long, des dents à sa partie interne, lesquelles, chez tous deux, sont destinées à être actionnées par un petit pignon, mû par une douille où se met un levier. Par un mouvement de va-et-vient, le pignon attire ou repousse alternativement un secteur, pendant qu'il éloigne l'autre ou le ramène à lui. Au début de la pression, on dégrène les deux secteurs et l'on fait descendre l'écrou directement; puis, avec le secteur le plus long, commandant une seule clavette, en le poussant, soit à la main, soit avec un petit levier placé dans une douille dont le secteur le plus long est seul muni, on continue d'abaisser l'écrou, et alors on n'utilise pas le retour du secteur. Enfin on engrène les deux secteurs, et, tant à l'aller qu'au retour du levier, une des clavettes faisant tourner la couronne pendant que l'autre se relève, l'écrou, lié à celle-ci, est forcé de descendre. Un avantage de cet appareil, c'est que si, par cas, le pignon vient à casser ou un des secteurs à se rompre, on peut continuer la pression, moins efficacement toutefois, mais on ne reste pas en chemin.

PRESSOIRS A VIN

NUMÉRO de la Machine	NOM ET DOMICILE de l'Exposant	POIDS de la matière employée	DURÉE de la pression	RENDEMENT en liquide pesé	POIDS du marc résidu	TOTAUX des poids du marc et des liquides recueillis	PERTE	RENDEMENT brut de liquide pour cent de matière employée	PERTE pour cent de matière	RENDEMENT pour cent corrigé	NOMBRE d'hommes employés à presser	PRIX de l'instrument	OBSERVATIONS
		Kilogram.	Heures min.	Kilogram.	Kilogram.	Kilogram.	Kilogram					francs	
148	**Mabille**, à Amboise (Indre-et-Loire)	400 »	» 15	159.5	236.0	395.5	4.5	39.9	1.1	41.0	1	550	Pressoir à encliquetage, dit à levier universel. Drainage de fond et drainage intermédiaire. Claie circulaire
40	**Coq**, à Aix-en-Provence	150	» 9	56.5	91.5	148.0	2.0	37.0	1.3	38.3	1	700	Un peu petit pour la vendange et un peu trop cher. Pressoir à engrenages inférieurs. Claie circulaire. Sur chariot.
248	**Samain**, à Blois (Loir-et-Cher)........	70 »	» 11	21.0	43.0	64.0	6.0	30.0	8.6	38.6	1	300	Un peu petit pour la vendange et un peu cher pour sa contenance. Pressoir à écrous libres et à course illimitée. Claie circulaire.
250	**Samain**, *idem*......	500 »	23	178.0	311.0	489.0	11.0	35.6	2.2	37.8	2	650	Pressoir à levier vertical oscillant et à clavettes, paraît fatiguer les hommes. Claie circulaire.
119	**Mabille**, à Amboise (Indre-et-Loire) ...	140 »	5	45.0	90.0	135.0	5.0	32.1	3.7	35.8	1	350	Pressoir à levier universel, sans drainage de fond. Claie circulaire.
147	**Mabille**, *idem*......	500 »	19	147.0	325.0	472.0	28.0	29.4	5.6	35.0	1	550	Pressoir à levier universel, à charge plante, à claie carrée et à drainage sous la charge et sur la mais.
222	**Primat**, à Bordeaux (Gironde)........	400 »	» 15	»	260.0	?	14.0	?	35.0	35.0	1	500	Pressoir sans maie. A perdu tout le liquide exprimé. Drainage inférieur. Plateaux laissant de petits intervalles entre eux. Pressoir à levier vertical. Claie circulaire.
249	**Samain**, à Blois (Loir-et-Cher).........	500 »	» 9	156.5	334.0	490.5	9.5	31.3	1.8	33.1	2	1.200	Pressoir à genoux, à écrous libres, à course illimitée et à dynamomètre à cadran. Claie circulaire.
36	**Chollet-Champion**, à Bléré (Indre-et-Loire)	500 »	» 12	135.5	346.0	481.5	18.5	27.1	2.4	29.5	1	695	Pressoir à levier horizontal, à encliquetage, secteur. Claie circulaire.

N. B. — La matière employée pour presser, vu l'impossibilité de se procurer de la vendange, du marc de raisin ou de la drêche de brasserie, a été du son mouillé avec de l'eau. Après la pression, le liquide écoulé a été immédiatement pesé. Les marcs résidus n'ont été pesés que le lendemain. Les pressoirs ont continué à couler. C'est ainsi que s'expliquent les différences assez considérables, pour quelques-uns des instruments, entre le poids de la matière employée et les totaux des rendements en marc et en liquide. — On a supposé que toute la perte constatée portait sur le liquide. Toutes les pesées ont été faites avec les bascules de M. Sagnier, de Montpellier (Hérault).

Comme on pourra s'en apercevoir par le tableau que nous donnons ci-derrière, tous les instruments avaient des claies circulaires, sauf un dans lequel elle était carrée, et tous avaient un drainage de fond. C'est là un grand progrès généralement acquis, et que les petits constructeurs méridionaux devront adopter. Les charges ont été coupées à leurs extrémités et munies d'encoches bien conçues pour faciliter leur mise en place; et, en rendant l'estaudet supérieur mobile et en deux pièces, MM. Mabille ont eu raison, parce que, en cas de rupture, la perte est moins grande, et qu'il est plus facile de trouver deux pièces de bois de plus modestes dimensions, mais qui, réunies, ont plus de résistance.

En un mot, en 1874, nous n'avons pas à signaler de très-grands perfectionnements, sauf l'adaptation par M. Samain du dynamomètre, dont la pratique jugera postérieurement la valeur; mais nous devons mentionner des innovations heureuses dans les détails, et surtout la généralisation de quelques-unes de ces utiles modifications.

Les essais qui ont eu lieu ont été fort bien institués, sous la direction de M. Barral, le savant secrétaire perpétuel de la Société centrale d'agriculture de France, président du Jury, dont personne n'ignore la haute compétence en pareille matière, mais surtout la grande habitude des concours expérimentaux.

Voir le tableau, p. 46 et 47.

La publicité donnée aux expériences faites par le Jury mérite une mention toute spéciale, et nous sommes heureux de la nouvelle occasion qui s'offre à nous pour remercier profondément, au nom de notre région, M. l'Inspecteur général de l'agriculture Halna du Frétay, qui a bien voulu en permettre l'impression. En la demandant, le Jury a prouvé qu'il assumait pleinement la responsabilité d'un jugement qu'il avait basé sur des observations et des chiffres qu'il désirait voir connus de tous; et, en l'accordant, M. le Commissaire général du Concours a voulu servir davantage les intérêts des constructeurs, qui, pièces en mains, pouvaient vérifier en quoi ils péchaient et réfléchir aux moyens de perfectionner leur fabrication. Si, comme nous l'avons réclamé pour les pompes et pour les instruments d'extérieur de ferme, on donne plus de temps aux expérimentateurs, on pourra s'assurer si tel pressoir qui marche bien pendant une heure maintiendra sa supériorité avec *un* seul ouvrier, et s'il n'en faudra pas *deux* et *trois* en pratique journalière; on vérifiera les avantages constants ou incertains du drainage médian par un litelage en bois, etc., etc. Ce que l'on veut, c'est indiquer au vigneron la meilleure machine, et, pour arriver à ce but, il ne faut plaindre ni le temps, ni la fatigue. L'agriculture compte heureusement encore des gens assez dévoués pour que nous puissions nous porter garant pour eux que, en pareil cas, ils ne reculeront pas plus devant l'une qu'ils ne mesureront parcimonieusement l'autre.

Les récompenses ont été décernées dans l'ordre suivant :

1er Prix : Médaille d'or et 200 francs à MM. Mabille ;
2e — Médaille d'argent et 150 francs à M. Coq ;
3e — Médaille de bronze et 100 francs à M. Samain ;
Mention honorable à M. Primat,

Quant aux instruments vinicoles, je ne surprendrai aucun de mes lecteurs en disant que les bascules de M. Sagnier, de Montpellier (Hérault), ont remporté une médaille d'or, et c'était justice. Dans toutes les opérations du pesage de l'eau, aspirée par les pompes, ou du marc donné aux pressoirs et des liquides rendus par eux, le Jury les a employées dans une foule de positions, et leur précision s'est toujours maintenue, grâce à un réglage fort simple. Du reste, quoique livrées avec la garantie d'une erreur reculée au millième, elles accusent fort bien le poids d'une pièce de dix centimes. Elles sont donc fabriquées avec un soin qui honore cette excellente usine.

Aux filtres pour vins louches, pour lies, pour huiles, etc., envoyés par M. Mesot, de Lyon, n° 44, avenue de Noailles, était encore acquise la médaille d'or. Leur parfait fonctionnement s'est maintenu et a valu à l'inventeur les félicitations de l'Archiduc d'Autriche, lors de sa visite officielle au Concours régional.

M. Bonnard, de Lyon, rue Duguesclin, n° 158, avec ses faussets hydraulique et ses entonnoirs ou œillettes automatiques pour barriques, présentait de très-bons appareils. A leur aide, toute surveillance pour éviter le trop-plein est supprimé ; car, dès que le récipient est rempli, le liquide excédant reste dans l'entonnoir. Ces machines sont simples et très-commodes, et nous sommes heureux de les voir acceptées avec empressement par le public à qui, dès 1868, nous les signalions pour la première fois, lors de leurs débuts au concours de Beaune. Une médaille d'argent leur a été appliquée, et cette haute récompense était, à notre avis, bien méritée.

L'étagère rotative pour conserver cent kil. de raisins, du prix de 10 fr., envoyée par MM. André et Fleury, n° 15, rue Royale, à Paris, nous a paru bien conçue. Les fruits, suspendus à un cercle, ne se touchent pas ; ils sont bien aérés et leur visite est très-facile. Il y a là une idée que les ménagères du Midi doivent s'approprier. Une médaille de bronze les recommandait plus particulièrement aux visiteurs.

Les robinets de MM. Dalmas, rue Bonneterie, 2, à Avignon (Vaucluse), et Deville, rue Sainte-Catherine, 144, à Bordeaux (Gironde), ont pour but de soutirer le vin des barriques en laissant fermé le trou de bonde. L'air arrive au sommet de la futaille par un tuyau en caoutchouc, dont le canal communique d'un côté avec l'extérieur, par un conduit creusé dans le bois ou le métal du robinet, et avec l'intérieur par un flotteur en liége qui le maintient ouvert à la surface du liquide. Le tube, enroulé sur le flotteur, est introduit aussitôt que le trou inférieur de la face antérieure du tonneau est percé ou débouché, et le robinet se met en place comme les appareils ordinaires.

On sait que, pour vider un récipient, il faut permettre l'entrée d'un volume d'air égal au volume du liquide qui sort, sinon l'écoulement se fait mal, ou pas du tout. Tel est le but des instruments dont nous parlons. Toutefois il ne faut pas se dissimuler que, s'ils diminuent les chances d'entrée des germes fâcheux de l'air extérieur, ils ne les suppriment pas tout à fait ; et, contrairement au dire des deux fabricants, il ne faut pas croire qu'ils *empêchent* toute intervention nuisible de l'atmosphère, mais affirmer qu'ils *retardent* seulement l'acétification des vins, bières, etc. en rendant plus difficile toute introduction des ennemis de ces diverses boissons. Nous avons conseillé à ces deux exposants de filtrer, soit avec du coton, soit à l'aide d'un liquide, l'air qu'ils introduisent par leur tuyau. Construits ainsi, leurs robinets se trouveront dans les mêmes conditions que les faussets hydrauliques, dont on se trouve bien et dont les effets utiles sont dus uniquement à ce qu'ils lavent l'air, dont les germes restent dans le liquide protecteur, pendant que l'oxygène et l'azote seuls pénètrent dans la futaille, sur le contenu de laquelle le premier de ces gaz peut agir, si la consommation de ce dernier est trop lente.

M. Delmas avait muni le flotteur d'une ampoule destinée, au cas où un peu de liquide serait entré dans le tube à air, à permettre à celui-ci de ne pas s'obstruer en le recevant dans sa cavité ; on y voyait aussi deux clefs pour empêcher ou faciliter l'arrivée de l'air. Il lui a été donné une MÉDAILLE DE BRONZE.

Le lève-barriques de M. Primat, de Bordeaux (Gironde), récompensé par une MÉDAILLE DE BRONZE, est un outil à crémaillère, très-commode pour le soutirage graduel des liquides ayant formé un dépôt. Son prix est de 25 fr.

Les cisailles de M. Vantelot-Béranger, de Beaune (Côte-d'Or), sont, pour les marchands de barriques, un outil précieux pour percer vite et très-régulièrement les deux trous où doivent être posés les rivets. La juxtaposition est parfaite et très-précise. Une MÉDAILLE DE BRONZE leur a été donnée. Leur prix de 105 fr. nous paraît, toutefois, un peu élevé.—D'autre part, ses soupapes à clapet, ses raccords en cuivre, ses robinets et ses dégustateurs en métal blanc, valaient à ce constructeur intelligent une MÉDAILLE D'ARGENT. Sa fabrication est très-bonne, et l'outillage des celliers méridionaux lui fera de fréquents emprunts, d'autant que ses prix de vente sont plus avantageux que ceux des industriels de notre région.

Le bouche-bouteille de M. Rouvière, à Toulon (Var), a bien mérité la MÉDAILLE D'ARGENT qui lui a été décernée. Bien conçu, tout en fer et en cuivre, il est très-solide et est construit avec soin. Il est disposé de telle sorte qu'une bouteille se remplit pendant qu'on en bouche une autre.

Ces machines portent une aiguille fixe ou mobile, ce qui permet de remplir totalement la bouteille de liquide et de la boucher sans qu'il y reste de l'air. Par la cannelure de l'aiguille, le liquide en excès sort pendant que le bouchon descend dans le goulot. Elles manœuvrent bien et facilement; mais, vendues 75 fr., elles nous paraissent chères. Nous espérons qu'une plus grande fabrication permettra à l'inventeur d'en abaisser le prix de vente. — Nous mentionnerons également les aiguilles pour boucher les bouteilles à la main, du prix de 1 fr., dont l'emploi se généralisera certainement aujourd'hui que l'on sait où se les procurer.

UNE JOURNÉE D'UN PRESSOIR MABILE .

D'Amboise (Indre-et-Loire)

(Messager agricole. — octobre 1874)

Quelques propriétaires m'ayant fait l'honneur de me demander mon avis sur les pressoirs Mabille, dits à levier universel, nous nous permettons de leur répondre par la voie du *Messager agricole*, dont ils sont des lecteurs assidus, tout en vulgarisant davantage notre manière de voir auprès des autres agriculteurs.

Un mot auparavant sur l'utilité des claies et sur l'importance de l'emploi d'un bon dynamomètre.

Nous conseillons les claies circulaires, parce qu'on *charge* l'appareil plus vite, qu'on est plus *sûr* du volume de marc porté au pressoir et qu'on en met davantage, sauf, selon les usages du pays, à tailler le marc après la première *serrée* et à supprimer alors la claie. Les plateaux de la charge, quoique coupés de façon à ne pas dépasser la circonférence de la claie, peuvent très-bien servir à la compression suivante, puisque, par la section du marc, on transforme son volume, primitivement en forme de cylindre, en un octogone ou en un carré d'un rayon moindre. De cette manière, on peut *retailler* le marc autant qu'on le veut. — Au besoin, on pourrait avoir une charge carrée pour les opérations consécutives à la première *taillée*.

Quant aux claies carrées, elles doivent être rejetées; car, sous l'influence de la pression, elles arqueront toujours, ainsi que cela nous est arrivé en 1868.

Il en est de même de la maie, qui doit être en pierre dure, *non calcaire*, car elle serait attaquée par les acides du vin, dont la proportion serait ainsi diminuée, ce qui est un défaut surtout pour nos produits méridionaux, qui en sont déjà peu riches.

L'emploi du drainage sur la maie par une claie de fond et par une botte entourant la base de la vis doit se généraliser au plus vite. C'est une excellente précaution et un très-heureux perfectionnement.

L'appareil avec débrayage automatique est assez cher et son action est contestable; aussi nous ne le croyons pas appelé au succès. Mais il serait fort à désirer que la maison d'Amboise, à l'instar de M. Samain, de Blois, munît ses pressoirs d'un dynamomètre extérieur, disant à chaque instant le degré de compression où l'on est. Il va de soi que cet appareil de sû-

Fig. I

Légende. — Pressoir Mabille, fixe, sur maie en bois, à encliquetage, à double clavette et à levier dit universel. Claie circulaire. Double estaudet. Charge mobile. Plateaux indépendants.

reté devra être agencé de telle sorte qu'on puisse *compter sur ses indications*. On comprend l'importance de ce perfectionnement; car il suffira, selon les années et selon la teneur des raisins en liquide, de régler son pressoir et de dire aux ouvriers, au début, de comprimer jusqu'à *tant* de kilogrammes.

Actuellement la garantie que le travail est bien effectué nous fait totalement défaut; et même lorsque, à la fin de la journée, nous touchons le marc et que nous le déclarons suffisamment dur, si nous revenons à faire serrer au bout de quelques heures, on tire encore du vin. Cela prouve qu'à la dernière minute du travail quotidien des ouvriers le marc était bien comprimé ; mais que celui-ci n'avait pas été ramené à son plus petit volume, puisque la masse s'est affaissée peu à peu, au point de permettre une nouvelle descente de l'écrou.

Avec le dynamomètre extérieur, nous serions certains que la pression a été poussée à son maximum, quand l'aiguille indicatrice *resterait fixe* en face des chiffres auquel les ouvriers devraient l'amener. En outre, un second avantage de l'appareil moniteur, c'est que si, dans la ronde habituelle que tout bon vigneron doit faire vers les huit heures du soir, l'aiguille a baissé, à l'aide des valets de la ferme on rétablit la pression. Cela est si nécessaire et surtout si utile, que nous connaissons des propriétaires qui, tous les soirs, font donner quelques tours de roue ou de levier à leur pressoir par les ouvriers à gage, en leur accordant une légère rétribution et, la plupart du temps, du vin et des châtaignes. Cette opération, rapidement exécutée par ceux-ci, qui travaillent tout au plus une demi-heure, rapporte au propriétaire souvent plus d'un hectolitre de liquide, lequel, sans cette précaution, aurait été exporté en pure perte dans une distillerie étrangère ou chez un fabricant de vert-de-gris.

Ces réserves générales posées, voici en quoi consistent les appareils dits à levier universel, dont, du reste, on peut munir toutes les vis de n'importe quel constructeur; car il suffit d'envoyer un moule du pas de la vis et du diamètre de celle-ci, pour qu'on fasse un écrou correspondant.

L'appareil principal (fig. 2) est une couronne A, dont le diamètre varie avec la force du pressoir et qui est percée de trous à sa circonférence. A son centre est l'écrou, formé d'une barre de fer roulée en hélice et noyée avec soin dans la masse de fonte.

Le tout repose sur le crapaud G, à qui l'ensemble est relié par trois clavettes, dont une mobile permet la mise en place au centre du bâtis.

Latéralement, le crapaud porte une queue G, sur lequel s'appuie l'axe de rotation du levier moteur des bielles. Celles-ci (fig. 2, EE) communiquent au levier B par la douille qui porte leur pivot respectif. En avant, chacune d'elles manœuvre une clavette FF, qui peut entrer dans les trous de la circonférence externe de la couronne et dont la face inférieure est biseautée.

Que l'on se reporte à la figure 2. Ne considérons pour le moment qu'une seule bielle, la postérieure, et admettons qu'elle ait son biseau

FIG. 11

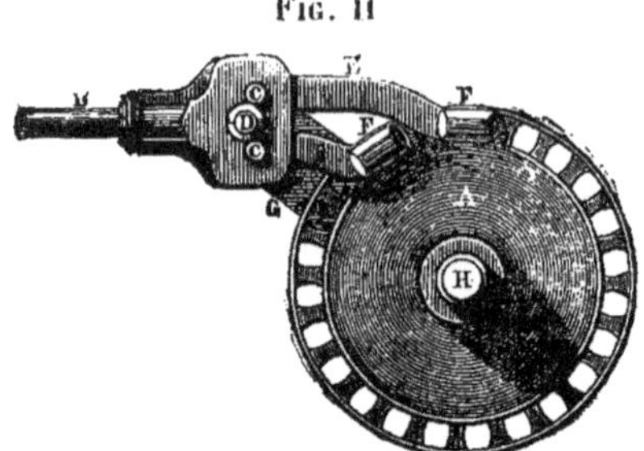

Légende.— Détail de la couronne et des deux bielles munies de leurs clavettes. A = plateau-couronne au centre duquel est l'écrou. H = vis. B = levier moteur. C = point d'attache des bielles à la douille du levier. D = axe de rotation du levier. EE = bielles. FF = clavettes. G = queue du crapaud supportant l'axe de rotation de la douille du levier.

tourné à droite. Si, à l'aide de la main, nous cherchons à pousser la couronne-plateau par l'intermédiaire de cette bielle, la clavette mise en jeu par celle-ci tendra à faire tourner la couronne ; mais, comme elle est biseautée à sa base, au fur et à mesure qu'on poussera, la clavette se soulèvera et rien ne tournera. Mais, dans un mouvement inverse, la clavette, touchant la couronne par une face verticale, la fera fatalement tourner, si la force motrice est supérieure à la résistance. Le jeu de la seconde bielle est identique.

Maintenant, voyons la marche des deux bras de levier, tels que les a fort heureusement agencés M. Mabille.

Ainsi que le représente la figure 2, la bielle antérieure, en se rapprochant de la postérieure pendant qu'on manœuvrait le levier B d'*arrière en avant*, vient de faire tourner la couronne de l'écrou de *gauche à droite ;* sa clavette a donc son biseau tourné à gauche et sa face verticale à droite. En même temps la bielle postérieure, sous l'influence de la rotation, le biseau de sa clavette regardant aussi à gauche, voit celle-ci se soulever en sortant du trou où elle s'était primitivement logée.

Mais, une fois le levier arrivé au fond de sa course, si on renverse la direction du mouvement et qu'on pousse d'*avant en arrière*, voici ce qui va se passer : la bielle postérieure agira sur la couronne par la face verticale de sa clavette, pendant que la clavette de la bielle antérieure se trouvera soulevée, alors que les extrémités motrices des deux bras de levier s'éloigneront.

En définitive, grâce à l'heureuse combinaison adoptée par les habiles constructeurs d'Amboise, pendant qu'une clavette agit activement, l'autre se laisse passivement relever, et réciproquement.

A l'aide de ce mouvement alternatif, les deux temps de va-et-vient sont utilisés, et l'écrou descend à chacun d'eux par suite de la rotation gra-

manœuvre est facile et fort simple ; aussi les ouvriers s'y font-ils rapidement.

L'écrou entraîne dans sa descente le crapaud, sur lequel il agit par son siége, dont on diminue et adoucit les frottements en lui donnant le moins de surface possible et en le tenant lubréfié avec soin par un bain d'huile; ensuite la pression se transmet à la charge, et de celle-ci au marc.

Depuis 1869, époque à laquelle, pour nous, est apparu ce système de pressoir, dans plusieurs Concours régionaux, nous avons assisté à des expériences dont nous avons rendu compte dans le *Messager agricole;* mais, pour mieux édifier nos lecteurs-propriétaires, nous préférons aujourd'hui leur donner une copie exacte des opérations auxquelles nous nous sommes livré en octobre 1873, en installant chez un viticulteur de la commune de Narbonne (Aude) un pressoir de très-forte dimension (1). Nous ne changeons *absolument* rien au texte de cette sorte de procès-verbal, dont, du reste, nous savons que le double a été adressé, sur sa demande, au constructeur de l'appareil, le 24 janvier 1874. C'est la photographie exacte du travail exécuté le second jour de son installation, à laquelle j'avais été convié, et c'est ce qui explique le titre mis en tête de cette note, que l'on voudra bien regarder comme une œuvre sérieuse et non comme une réclame en faveur d'une machine spéciale en particulier.

Lettre écrite à M. Mabille, le 24 janvier 1874

Le pressoir que vous avez vendu à M. X..., à Narbonne (Aude), est du plus grand modèle, je crois. Sa maie a 2 mètres 30 de côté, il me semble. Du reste, vous rectifierez sur vos registres de commande. L'appareil a été installé par moi, et la première mise en œuvre s'est faite sous mes yeux, par mes soins et par des ouvriers qui n'avaient pas l'habitude de semblables machines, différant assez notablement de celles dont on se sert dans le pays.

Voici ce que mes souvenirs de la seconde journée me retracent:

Les ouvriers sont arrivés à huit heures au cellier, au nombre de cinq.

Le pressoir était situé environ à 20 mètres du tonneau dont on enlevait le marc. Un ouvrier fournissait le marc, qu'il jetait hors du tonneau. Un second le recevait, au dehors du foudre, dans une tinette ou comporte, et, dès que celle-ci était pleine, il avertissait le premier. Deux autres le charriaient au pressoir, et un dernier l'arrangeait sur la maie. Pour le chargement des pressoirs, surtout quand ils sont éloignés des foudres dont le contenu est à pressurer, il faut cinq hommes pour marcher convenablement.

(1) A la suite de la récolte de 1873, le même viticulteur, satisfait de son instrument, en a acheté trois autres, en 1874, au même constructeur.

L'opération du chargement du pressoir a duré deux heures, en y comprenant le temps consacré à mettre en place les diverses parties de la charge (plateaux du manteau, madriers ou *anguilles*, estandel double). —Le marc provenait de vignes très-jeunes, plantées en carignane et en aramon.

A dix heures environ, la première *serrée* a commencé, et à cinq heures du soir (fin de la journée de travail), le marc a été déclaré suffisamment comprimé par les ouvriers et par moi. Ce jugement a été porté par l'habitude que l'on a de cela dans nos contrées; en outre, dans ce cas, on avait pour point de comparaison, avec les autres systèmes de pression, le toucher du marc, qui parut moins mou.

L'appareil a parfaitement marché; il est très-puissant et a bien comprimé les 70 (*soixante et dix*) comportes de marc qu'on avait mises dans la maie. Or il faut savoir que chacune de celles-ci contient soixante litres de liquide, et qu'on a l'habitude de les remplir avec le marc, de façon à faire déborder celui-ci au-dessus du niveau de la tinette, d'environ 0 mètre 15 de hauteur, en forme de pyramide. Le poids du marc m'est inconnu et je ne saurais vous donner un chiffre approximatif, d'autant plus qu'il varie chaque année.

Voici les divers incidents de l'opération :

Un seul homme avec le petit levier commença la première pressurée; puis, avec le grand, deux hommes firent très-facilement marcher l'écrou. Le vin coula abondamment. Mais avant la fin, vers onze heures un quart, un troisième ouvrier fut réclamé par les deux autres. Je ne puis relater ici la quantité de vin retirée, vu qu'il aurait fallu savoir aussi ce que le marc contenait de liquide avant et ce qui y est resté après, opération longue, mais que j'ai faite à Narbonne lors du Concours expérimental vinicole en 1872, que je consignai dans les tableaux annexés à mon rapport, et dont un exemplaire vous fut adressé à l'époque. Vous retrouverez là toutes les données pour faire des expériences sérieuses, et qui ne demandent, pour être complètes, que les essais dynamométriques de la machine et du moteur.

L'appareil n'ayant pas de claie circulaire, on a *taillé* le marc d'après les usages locaux.

Après la première *taillée*, on avait vu deux inconvénients résultant, l'un, des barres de fer de la claie inférieure horizontale vis à-vis du tranche-marc, et l'autre, du manteau multiple. Vous trouverez plus loin les moyens employés pour parer à ces deux défauts.

Deux hommes se remirent à serrer; mais, très-rapidement, le troisième fut réclamé, et vraiment il était nécessaire; car, si on eût persisté à n'employer que deux ouvriers, on n'aurait pas abouti à liquider tout le marc convenablement. A la fin de cette seconde *pressée*, les ouvriers ne pouvaient plus aller. Comme à la première fois, on laissa égoutter le marc. Le liquide était très-louche, charriait beaucoup de matières en suspension.

On retailla le marc une seconde fois, et, presque au début de la troisième *pressée,* les trois hommes furent utiles. A la fin, un quatrième s'y adjoignit, et certainement, vu la quantité de marc mis en œuvre, la puissance de l'appareil et la résistance acquise par la matière à comprimer, il n'y était pas de trop, au moins à en juger par les efforts que successivement j'ai vu faire d'abord aux deux premiers hommes seuls, puis réunis à un troisième, et enfin à un quatrième.

Je ne saurais vous dire ici ce que chaque homme employé donnait de force *effective, réelle,* sur le levier; mais ce que je puis affirmer, c'est qu'il fallait trois hommes à la seconde pressée. et qu'à la troisième, il y avait avantage à y mettre le quatrième vigneron. Le seul doute à élever, c'est de savoir si les ouvriers forçaient réellement, ou s'ils en avaient seulement l'air.

Quoi qu'il en soit, *agricolement* parlant, avec les grands modèles de vos appareils, trois à quatre hommes seront indispensables pour bien manœuvrer. Je crois pouvoir vous affirmer que nulle part, vous ne trouverez des ouvriers qui, régulièrement *tous les jours,* voudront mener à deux vos pressoirs à grande capacité. Cela peut être admis dans un concours et pour quelques heures, car alors on accepte une exagération de travail et de force ; mais dans un cellier, dans lequel la machine doit travailler toute la journée, ce serait impossible.

Ceci posé, les ouvriers ont trouvé l'appareil facile à conduire et très-puissant ; ils disaient, à la fin de la journée: « Il ne faudrait pas que les pressoirs du pays viennent reprendre le marc que nous laissons. » Ce dernier en effet, au toucher, paraissait plus dur que d'habitude.

Après la troisième pressée, le liquide sortait trouble, mais ne charriait presque point; il semblait avoir subi une première filtration à travers les innombrables mailles du réseau du marc fortement comprimé. Celui-ci faisait ce que j'appellerai *le blanc,* c'est-à-dire que la section faite par le tranche-marc montrait les grappes desséchées, décolorées ; je dirais volontiers exsangues ; il bavait, car de tous côtés sortaient des bulles se crevant avec peine, ce qui annonçait la sortie d'un liquide plus dense, moins aqueux que le premier. La pulpe du marc, comprimée de tous côtés par les parties ligneuses du raisin, voyait ses matières albuminoïdes écrasées et forcées de rendre le jus de leurs plus intimes aréoles. A la fin, on ne voyait presque plus de liquide sortir à l'extérieur sur les parois verticales du cube de marc, et cependant le tuyau efférent de la maie coulait encore; cela était dû au drainage inférieur et à la botte, qui permettaient à l'ensemble de ces petits suintements latéraux, et à ceux de la partie inférieure contre la claie, de se réunir facilement pour former un tout très-rémunérateur pour le propriétaire.

A la fin de l'opération, les vibrations claires des clavettes, le son net de l'appareil compresseur et les *cris* de la charge, aussi bien que la force énorme déployée par les ouvriers, nous ont fait arrêter. Il était du reste l'heure de la fin de la journée.

Voici maintenant les modifications, que je crois indispensables, que j'ai fait adopter et que je vous engage désormais à employer :

1° L'épaisseur bien comprise des plateaux du manteau motive la division de celui-ci en plusieurs fragments, huit je crois, soit quatre de chaque côté de la vis. Les placer avant la première *pressée* est parfait et très-facile, vu que le marc s'élève très-légèrement en pyramide et que sa surface supérieure est assez étendue pour que tous les plateaux reposent dessus ; mais, dès la première taillée, le manteau est trop large si on met tous les plateaux, et trop étroit si on en supprime un. Si on les emploie tous, il faut qu'un ouvrier tienne de chaque côté le plateau le plus extérieur jusqu'au moment où la portion du marc coupée, remaniée et remise sur la partie supérieure du tas, redevienne, par la compression, aussi large ou à peu près, et qu'il supporte par conséquent, en tout ou en partie, le plateau primitivement en l'air. Quant à supprimer un de ces plateaux, il n'y faut pas songer, car alors la partie externe du pourtour du marc échapperait à toute compression. L'inconvénient que je signale serait encore plus grand après la seconde *taillée*. Or vous savez que le pressoir dont nous parlons n'a pas de claie circulaire et que, par suite, on taille le marc. Dans le cas qui nous occupe, on a taillé deux fois. — Il faut donc, de toute nécessité, que le manteau *tout entier* serve à la première comme à la dernière pressée. Aussi, pour remédier à l'inconvénient signalé plus haut, il suffit d'adopter la modification suivante : mettre sur le milieu de *chacun* des plateaux du manteau, tant à gauche qu'à droite de la vis, un anneau en fer assez large, dans l'intérieur duquel passerait une barre de fer formant la broche de cette espèce de fiche, dont les diverses femelles seraient très-écartées les unes des autres. De cette façon, vos deux plateaux externes seront retenus et suspendus, tant qu'ils ne mordront pas sur le marc.

2° La botte qui entoure la vis à sa base est une excellente chose ; seulement elle est trop haute de 10 à 15 centimètres. En effet, dès le premier pressurage et les premiers jours, on l'a cassée à la partie supérieure, avec les deux plateaux internes, dont l'échancrure était insuffisante ; ils ont porté sur celle-ci et l'ont brisée, après se l'être laissé encastrer en partie dans leur épaisseur. Il faut la faire plus basse, d'autant plus que sa nécessité est plus accentuée après la première pressée.

3° La claie pour le drainage inférieur de la maie est parfaite, mais il faut, ou encastrer *totalement* les barres de fer qui en relient les liteaux, ou il faut revêtir celles-ci de liteaux saillants, perpendiculaires à ceux de la claie et assez larges pour être cloués sur les premiers ; c'est dans leur épaisseur et à la paroi inférieure que se logeront les barres de fer. Cela est indispensable, vu que, lorsqu'on taille le marc, le tranchant de l'outi vient s'ébrécher sur le fer saillant (1). Il n'est pas nécessaire que tout le fer soit garni. Il faut, soit que l'on entaille le fer dans la partie supérieure des liteaux de la claie, soit qu'on recouvre le fer par des liteaux saillants, que les *deux* barres de fer les plus *externes soient toujours cachées* ou *habillées,* parce que toujours, avec le tranche-marc, on risquera de les trouver sur *toute leur longueur*. Pour les *deux autres,* de chaque côté, il suffira de les recouvrir, à partir du bord extérieur, sur une longueur de 40 centimètres, vu que, comme l'instrument tranchant ne doit les rencontrer que *perpendiculairement* à sa direction, il est rare qu'on diminue de plus de 40 centimètres de *chaque côté* le diamètre total du marc comprimé.

Quant à mettre les barres de fer, non plus sur la face supérieure des liteaux, mais sur leur face inférieure, contre la maie, cela serait préférable et doit être préféré à l'avenir ; mais, dans ce cas, il faudrait les loger dans une rainure faite dans ces liteaux, et, par suite, donner à ceux-ci une plus grande force. Ce second mode de faire nous paraît meilleur. J'ai fait adopter ici le premier, parce la claie était faite et qu'il était très-facile d'habiller les barres de fer ainsi que j'ai dit.

4° L'estaudet mobile *en deux pièces* est une bonne chose, car cela permet d'employer deux très-fortes pièces de bois ; mais il faut revêtir la face supérieure de celles-ci d'une forte tôle; car, recevant tous les frottements du crapaud pendant qu'on le met en place, le bois serait vite usé. Enfin, pendant la pression, la masse du bâtis de l'écrou tend à s'enchâsser peu à peu dens cet estaudet. En outre, ce dernier, revêtu de son armure, recevra la pression dans toute sa surface par l'intermédiaire de la large tôle, et il sera moins sujet à se briser. Ainsi, je voyais certains nœuds du bois s'ouvrir et tendre à amener la rupture d'une des deux pièces de l'estaudet. Tout fut guéri le lendemain par l'armature qui fut posée et fixée au bois par des clous à vis, à tête plate et enrasés.

Voilà le procès-verbal des faits observés, et dont chacun pourra vérifier la certitude partout, quand il voudra. C'est l'histoire sans commentaire d'une journée de votre machine.

(1) Nous avons appris que, en 1874, le constructeur, tenant compte de nos observations, a supprimé les barres de fer, qu'il a remplacées par une série de petites traverses en bois.

La hauteur de la botte a été aussi diminuée.

Montpellier, Imprimerie centrale du Midi. — Bicateau Hamelin et Cie

www.ingramcontent.com/pod-product-compliance
Lightning Source LLC
LaVergne TN
LVHW011958160826
845678LV00002B/611

* 9 7 8 2 3 2 9 6 8 0 2 2 4 *